U0236827

水利水电工程施工实用手册

工程识图与施工测量

《水利水电工程施工实用手册》编委会　编

中国环境出版社

图书在版编目(CIP)数据

工程识图与施工测量 /《水利水电工程施工实用手册》编委会编.
—北京:中国环境出版社,2017.12
(水利水电工程施工实用手册)
ISBN 978-7-5111-3422-6

Ⅰ.①工… Ⅱ.①水… Ⅲ.①水利水电工程－工程制图－识图－
技术手册②水利水电工程－水利工程测量－技术手册
Ⅳ.①TV222.1-62②TV221-62

中国版本图书馆 CIP 数据核字(2017)第 292896 号

出 版 人	武德凯
责任编辑	罗永席
责任校对	尹 芳
装帧设计	宋 瑞

出版发行　中国环境出版社
　　　　　(100062 北京市东城区广渠门内大街 16 号)
　　　　　网　　　址:http://www.cesp.com.cn
　　　　　电子邮箱:bjgl@cesp.com.cn
　　　　　联系电话:010-67112765(编辑管理部)
　　　　　　　　　　010-67112739(建筑分社)
　　　　　发行热线:010-67125803,010-67113405(传真)
　　　　　印装质量热线:010-67113404
印　　刷　北京盛通印刷股份有限公司
经　　销　各地新华书店
版　　次　2017 年 12 月第 1 版
印　　次　2017 年 12 月第 1 次印刷
开　　本　787×1092　1/32
印　　张　7.625
字　　数　203 千字
定　　价　25.00 元

《水利水电工程施工实用手册》
编 委 会

《工程识图与施工测量》

主　　编：李行洋

副 主 编：徐卫国　　徐卫卓

参编人员：晏孝才　黎晶晶　李　珩　叶　青

　　　　　陈小云

主　　审：何本才

前　言

　　水利水电工程施工虽然与一般的工民建、市政工程及其他土木工程施工有许多共同之处,但由于其施工条件较为复杂,工程规模较为庞大,施工技术要求高,因此又具有明显的复杂性、多样性、实践性、风险性和不连续性的特点。如何科学、规范地进行水利水电工程施工是一个不断实践和探索的过程。近20年来,我国水利水电建设事业有了突飞猛进的发展,一大批水利水电工程相继建成,取得了举世瞩目的成就,同时水利水电施工技术水平也得到极大的提高,很多方面已达到世界领先水平。对这些成熟的施工经验、技术成果进行总结,进而推广应用,是一项对企业、行业和全社会都有现实意义的任务。

　　为了满足水利水电工程施工一线工程技术人员和操作工人的业务需求,着眼提高其业务技术水平和操作技能,在中国水利工程协会指导下,湖北水总水利水电建设股份有限公司联合湖北水利水电职业技术学院、中国水电基础局有限公司、中国水电第三工程局有限公司制造安装分局、郑州水工机械有限公司、湖北正平水利水电工程质量检测公司、山东水总集团有限公司等十多家施工单位、大专院校和科研院所,共同组成《水利水电工程施工实用手册》丛书编委会,组织编写了《水利水电工程施工实用手册》丛书。本套丛书共计16册,参与编写的施工技术人员及专家达150余人,从2015年5月开始,历时两年多时间完成。

　　本套丛书以现场需要为目的,只讲做法和结论,突出"实用"二字,围绕"工程"做文章,让一线人员拿来就能学,学了就会用。为达到学以致用的目的,本丛书突出了两大特点:一是通俗易懂、注重实用,手册编写是有意把一些繁琐的原理分析去掉,直接将最实用的内容呈现在读者面前;二是专业独立、相互呼应,全套丛书共计16册,各册内容既相互关联，又相对独立，实际工作中可以根据工程和专业需要，选择一本或几本进行参考使用，为一线工程技术人员使用本手册提供最大的便利。

《水利水电工程施工实用手册》丛书涵盖以下内容：

1)工程识图与施工测量；2)建筑材料与检测；3)地基与基础处理工程施工；4)灌浆工程施工；5)混凝土防渗墙工程施工；6)土石方开挖工程施工；7)砌体工程施工；8)土石坝工程施工；9)混凝土面板堆石坝工程施工；10)堤防工程施工；11)疏浚与吹填工程施工；12)钢筋工程施工；13)模板工程施工；14)混凝土工程施工；15)金属结构制造与安装（上、下册）；16)机电设备安装。

在这套丛书编写和审稿过程中，我们遵循以下原则和要求对技术内容进行编写和审核：

1)各册的技术内容，要求符合现行国家或行业标准与技术规范。对于国内外先进施工技术，一般要经过国内工程实践证明实用可行，方可纳入。

2)以专业分类为纲，施工工序为目，各册、章、节格式基本保持一致，尽量做到简明化、数据化、表格化和图示化。对于技术内容，求对不求全，求准不求多，求实用不求系统，突出丛书的实用性。

3)为保持各册内容相对独立、完整，各册之间允许有部分内容重叠，但本册内应避免出现重复。

4)尽量反映近年来国内外水利水电施工领域的新技术、新工艺、新材料、新设备和科技创新成果，以便工程技术人员参考应用。

参加本套丛书编写的多为施工单位的一线工程技术人员，还有设计、科研单位和部分大专院校的专家、教授，参与审核的多为水利水电行业内有丰富施工经验的知名人士，全体参编人员和审核专家都付出了辛勤的劳动和智慧，在此一并表示感谢！在丛书的编写过程中，武汉大学水利水电学院的申明亮、朱传云教授，三峡大学水利与环境学院周宜红、赵春菊、孟永东教授，长江勘测规划设计研究院陈勇伦、李锋教授级高级工程师，黄河勘测规划设计有限公司孙胜利、李志明教授级高级工程师等，都对本书的编写提出了宝贵的意见，我们深表谢意！

中国水利工程协会组织并主持了本套丛书的审定工作，有关领导给予了大力支持，特邀专家们也都提出了修改意见和指导性建议，在此表示衷心感谢！

由于水利水电施工技术和工艺正在不断地进步和提高，而编写人员所收集、掌握的资料和专业技术水平毕竟有限，书中难免有很多不妥之处乃至错误，恳请广大的读者、专家和工程技术人员不吝指正，以便再版时增补订正。

让我们不忘初心，继续前行，携手共创水利水电工程建设事业美好明天！

《水利水电工程施工实用手册》编委会

2017 年 10 月 12 日

目 录

第一章

水利水电工程识图

第一节　水利水电工程制图基本标准

图样是工程界的通用语言，为了便于生产和技术交流，对图样的画法、尺寸注法等均需作统一规定，使绘图和看图都有共同的准则，这个统一的规定就是制图标准。

一、图纸幅面

图纸的基本幅面及图框尺寸见表 1-1。必要时可按标准规定加长图幅。

表 1-1　　　　　基本幅面及图框尺寸　　　　　（单位：mm）

幅面代号	A_0	A_1	A_2	A_3	A_4
$B \times L$	841×1189	594×841	420×594	297×420	210×297
e	20			10	
c	10			5	
a	25				

无论图纸是否装订，均应画出图框和标题栏，图纸中的标题栏应放在图框内的右下角。图框和标题栏格式如图 1-1 所示。

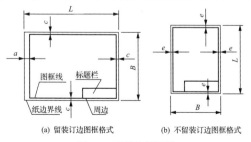

(a) 留装订边图框格式　　　　　(b) 不留装订边图框格式

图 1-1　图框和标题栏

标题栏的内容、格式和尺寸对于不同图幅的样式如图 1-2 所示。会签栏是供各工种设计负责人签署单位、姓名和日期的表格。不需会签栏的图纸可不设会签栏。

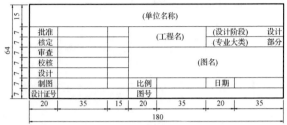

(a) A0、A1图幅的标题栏格式

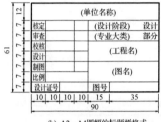

(b) A2~A4图幅的标题栏格式

(c) 会签栏格式

图 1-2　标题栏

二、图线

为了使图样中所表达的内容主次分明,制图标准规定采用各种不同形式和不同粗细的图线,分别表示不同的意义和用途,绘图时必须遵守这些规定。常用几种线型的形式和用途见表 1-2。

表 1-2　　　　　　　常用几种图线　　　　　（单位：mm）

序号	图线名称	线型	线宽	一般用途
1	粗实线	b	b	(1) 可见轮廓线； (2) 钢筋； (3) 结构分缝线； (4) 材料分界线； (5) 断层线； (6) 岩性分界线

序号	图线名称	线型	线宽	一般用途
2	虚线	~1 2~6	$b/2$	(1) 不可见轮廓线； (2) 不可见结构分缝线； (3) 原轮廓线； (4) 推测地层界线
3	细实线	———————	$b/3$	(1) 尺寸线和尺寸界线； (2) 剖面线； (3) 示坡线； (4) 重合剖面的轮廓线； (5) 钢筋图的构件轮廓线； (6) 表格中的分格线； (7) 曲面上的素线； (8) 引出线
4	点画线	3~5 15~30	$b/3$	(1) 中心线； (2) 轴线； (3) 对称线
5	双点画线	3~5 15~30	$b/3$	(1) 原轮廓线； (2) 假想投影轮廓线； (3) 运动构件在极限或中间位置的轮廓线
6	波浪线	∿∿∿	$b/3$	(1) 构件断裂处的边界线； (2) 局部剖视的边界线
7	折断线	——／——	$b/3$	(1) 中断线； (2) 构件断裂处的边界线

三、比例

绘图时,应采用表 1-3 所规定的比例,并应优先选用表中的常用比例。

表 1-3   **常用比例选择**

常用比例	1:1		
	$1:10^n$	$1:2\times10^n$	$1:5\times10^n$
	2:1	5:1	$(10\times n):1$
可用比例	$1:1.5\times10^n$	$1:2.5\times10^n$	$1:3\times10^n$	$1:4\times10^n$
	2.5:1		4:1	

注:n 为正整数。

四、尺寸标注

1. 单个尺寸四要素

一个完整的尺寸应包括四个方面的要素：

（1）尺寸界线。表示尺寸的范围。尺寸界线用细实线画出，一般应与标注轮廓垂直，其一段与轮廓线之间留 2～3mm 间隙，另一端超出尺寸线 2～3mm。轮廓线、中心线可以作为尺寸界线，如图 1-3 所示，图中尺寸 9800 的尺寸界线以细实线画出，尺寸 500 以轮廓线作为尺寸界线。

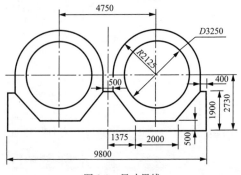

图 1-3　尺寸界线

（2）尺寸线。表示尺寸度量方向。尺寸线用细实线绘制，不能以图样中的任何其他图线代替。尺寸线应平行于被注轮廓，两端与尺寸界线相接但不应超出。

（3）尺寸起止符号。表示尺寸的起止位置。其形式为细而长的填黑箭头，规格如图 1-4（a）所示。必要时可用 45°细线短画表示，如图 1-4（b）所示，h 为图中字体高度。

标注圆弧半径、直径、角度、弧长时一律采用箭头。

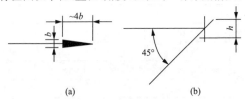

图 1-4　尺寸起止符号

（4）尺寸数字。表示物体的实际大小，单位为 mm，与画图的比例无关。

2. 线性尺寸的注法

（1）标注互相平行的尺寸时，应使小尺寸在里面，大尺寸在外面，两平行尺寸线之间的间距不小于 5mm，如图 1-5 所示。

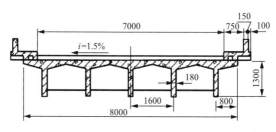

图 1-5　线性尺寸的注法

（2）当尺寸界线的距离较小时，可将部分尺寸要素（如箭头、尺寸数字）移至尺寸界线外侧，如图 1-5 中的尺寸 180。

连续尺寸的中间部分无法画箭头时，可用小黑圆点代替箭头，如图 1-5 右上角的尺寸标注。

（3）线性尺寸的数字按图 1-6 所示的方向注写，即水平尺寸数字写在尺寸线中部上方，字头向上；竖直方向的尺寸

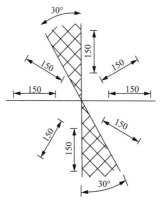

图 1-6　尺寸数字注写方向

数字写在尺寸线的左方,字头向左;倾斜方向的尺寸数字顺尺寸线写在其上方,字头趋向上。图示 30°范围内尽量不标出尺寸。

3. 圆、圆弧的尺寸注法

(1) 圆和大于半圆的圆弧应注直径尺寸,并在尺寸数字之前加注符号"φ"或"D"(一般金属材料用"φ",其他材料用"D")。半圆及小于半圆的圆弧标注半径尺寸,尺寸数字前加注"R"。标注球面直径或半径时,应在符号"φ"或"D"前再加注符号"S"。

以上所述如图 1-7(a)、(b)、(c)、(d)所示。

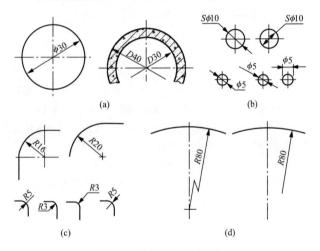

(a)   (b)

(c)   (d)

图 1-7   圆、圆弧的尺寸标注

(2) 标注圆、圆弧的直径或半径时,通常以其轮廓线为尺寸界线。标注直径的尺寸线应通过圆心(但不得与中心线重合)。两端箭头指向圆周。标注半径的尺寸线应自圆心引向圆弧,并在指向圆弧的一端画箭头。

(3) 当图上没有足够的位置画箭头、注写尺寸数字时,可将其移至图外,如图 1-7(b)、(c)所示。但应注意尺寸线不得在轮廓线处转折。

(4) 大半径的圆弧,其半径尺寸线可用折线画出,或不画到圆心,如图 1-7(d)所示。

4. 角度尺寸的注法

标注角度的尺寸,以角度的两边或其延长线作为尺寸界线,以角顶点为圆心,适当长度为半径画圆弧为尺寸线,尺寸箭头指向角的两边或其延长线上,尺寸数字一律水平注写。如图 1-8 所示。

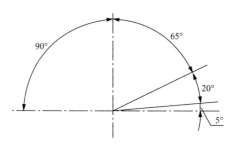

图 1-8　角度的尺寸标注

5. 坡度的注法

坡度为两点间的高度差与两点间的水平距离之比。如图 1-9(a)所示,$BC=1$,$AB=2$,则 AC 的坡度 $=1/2$,写成 $1:2$,标注如图 1-9(b)所示。当坡度平缓时,坡度可用百分数表示,箭头表示下坡方向,如图 1-9(c)所示。

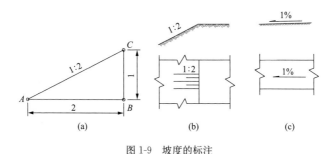

图 1-9　坡度的标注

6. 高程的注法

(1) 水工图上高程的基准与测量的基准一致,单位为 m,

图上不必注明单位。例如高程为 12 时,即表示这个位置高于基准面 12m,如图 1-10 所示。

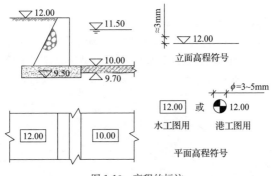

图 1-10 高程的标注

(2)高程数字前,应加注高程符号"▽",如图 1-10 所示。立面高程符号为细实线等腰直角三角形,其斜边保持水平,直角顶点应与被标注高度的轮廓线或引出线接触。平面高程符号的矩形框及圆周用细实线画出。

(3)水面标高(水位)的符号为水面线以下绘制三条细实线,如图 1-10 所示。

7.桩号的注法

河道、渠道、涵洞等建筑物的轴线、中心线长度方向的定位尺寸,可采用桩号的方法进行标注,如图 1-11 所示。

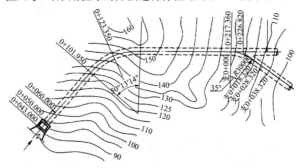

图 1-11 桩号的注法

桩号的标注形式为 $K\pm m$，K 为公里数，m 为米数。起点桩号注成 $0+000$；起点桩号之前注成 $K-m$，如 $0-050$，表示该桩号在起点之前 50m；起点桩号之后注成 $K+m$，如 $0+043.000$ 表示该桩号距起点 43m。

五、常用建筑材料图例

水利工程中所使用的建筑材料是多种多样的。为了在图上明显地把它们表示出来，在构件的剖面上应画出相应的建筑材料图例。常用建筑材料图例见表 1-4。

表 1-4   **常用建筑材料图例**

材料	符号	说明	材料	符号	说明
水、液体		用尺画水平细线	岩基		
自然土壤		徒手绘图	夯实土		斜线为 45° 细实线，用尺画
混凝土		石子带有棱角	钢筋混凝土		斜线为 45° 细实线，用尺画
下砌块		石缝要错开，空隙不涂黑	浆砌块石		石块之间空隙要涂黑
卵石		石子无棱角	碎石		石子有棱角
木材　纵纹			砂、灰土、水泥砂浆		点为不均匀的小圆点
木材　横纹					
金属		斜线成 45° 细实线，用尺画	塑料、橡胶及填料		斜线均为 45° 细实线，用尺画

注：1. 当剖面面积很大时，符号不需要画满，图样中宽度小于或等于 1.5mm 的剖面，建筑材料图例可用涂黑代替。

2. 当剖面图上不需指明材料符号时，可通用 45° 剖面线。

第二节　地形图基本知识

一、地形图

地球表面是高低起伏、形态各异的,有许多人工建筑物、构筑物和具有明显轮廓、自然形成的固定物体分布其间,也有自然形成的高山盆地、丘陵平原等形态。通常,可将地形分为地物和地貌两种。

1. 地物

地物是指地球表面上的各种固定性物体。可分自然地物和人工地物,如房屋、道路、河流等。

2. 地貌

地貌是指地球表面上各种起伏形态的统称。如高山、平原、盆地、陡坎等。

3. 地形图

地形图是指按照一定的比例尺,将地物、地貌的平面位置和高程用规定的符号表示在图纸上的正射投影图。

4. 平面图

平面图是指在测图时如果只测绘地物而不测绘地貌,即仅反映地物的平面位置而不反映地貌高低起伏变化的图。

二、地形图的比例尺

1. 比例尺概念

地形图上任意一段直线的长度与其相应的地面实际水平距离之比,称为地形图的比例尺。

2. 比例尺种类

地形图比例尺可分为数字比例尺和图示比例尺两种。

(1) 数字比例尺。数字比例尺一般用分子为1的分数形式表示。在地形图上,数字比例尺通常书写在图幅下方正中处。

设图上某直线的长度为 d,地面上相应的水平长度为 D,则该图的比例尺为

$$\frac{d}{D} = \frac{1}{\dfrac{D}{d}} = \frac{1}{M} \qquad (1\text{-}1)$$

式中:M——比例尺分母。

数字比例尺一般写成1:1000、1:2000等形式。比例尺的大小是以比例尺的比值来说明的,比例尺分母越大,则比例尺越小;反之,比例尺分母越小,则比例尺越大。

测量工作中,通常称1:100万、1:50万、1:20万比例尺的地形图为小比例尺地形图,称1:10万、1:5万、1:2.5万、1:1万比例尺的地形图为中比例尺地形图,称1:5000、1:2000、1:1000、1:500比例尺的地形图为大比例尺地形图。水利水电工程施工过程中,往往使用大比例尺地形图。

(2) 图示比例尺。为了用图方便,同时避免或减小由于图纸伸缩而引起的误差,通常在地形图上绘制图示比例尺。地形图上的图示比例尺多为直线型,因此也有称为直线比例尺,常位于图廓线的下方,即在一直线段上(一般长为12cm)截取若干相等的线段(一般长为2cm或1cm),称为比例尺的基本单位,再把最左端的一个基本单位分成10等份(或20等份),以第一个基本单位右端为0,在其他基本单位上注记与0点间的实地水平距离值(所注记数字常以"m"为单位)。图示比例尺可以直接读出基本单位和基本单位的1/10,必要时,还可估读到基本单位的1/100。

如图1-12所示为1:2000的图示比例尺,其基本单位为2cm,所代表的实地水平距离为40m。

应用时,用分规的两脚尖对准待量测距离的两端点,然

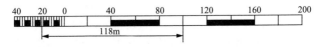

图 1-12 图示比例尺

后将分规移至图示比例尺上,使一个脚尖对准"0"分划右侧的某个整分划线上,另一个脚尖落在"0"分划线左端的小分划段中,则两个脚尖读数之和就等于待量两点间的距离,不足一个小分划的部分可以目估。图 1-12 所示读数为实地 118m。

3. 比例尺精度

考虑到正常人眼睛分辨图纸上最短距离的能力,常把地形图上 0.1mm 长度所表示的实地水平距离称为比例尺的精度。

例如,测绘的 1∶1000 比例尺地形图,其比例尺精度为 0.1mm×1000＝0.1m。表 1-5 为几种大比例尺的比例尺精度。

表 1-5　　　　　　　　几种大比例尺的比例尺精度

比例尺	1∶500	1∶1000	1∶2000	1∶5000
比例尺精度/m	0.05	0.10	0.20	0.50

测图比例尺越大,表示测绘地物和地貌的情况越详细,精度就越高;反之,测图比例尺越小,表示测绘地物和地貌的情况越简略,精度就越低。

在测量工作中,一方面当已知测图比例尺时,可以根据比例尺精度确定实地测距所需要的精度。例如,已知测图比例尺为 1∶2000,实地测距只需精确至 0.2m 即可。另一方面,当已知工程建设要求距离测量达到某一定精度时,可以确定应选择的测图比例尺。例如,某工程建设要求在图上能反映出实地上 0.1m 距离的精度,则应选用 1∶1000 的测图比例尺。

三、地形图的图式

由于地物、地貌的种类繁多,为了在测绘和使用地形图中不至于造成混乱,各种地物、地貌在图上的表示必须有一个统一的标准。因此,国家对地物、地貌在地形图上的表示方法如样式、规格、颜色、使用要求等规定了统一标准,这个现行国家标准称为《国家基本比例尺地图图式第 1 部分:1:500 1:1000 1:2000 地形图图式》(GB/T 20257.1—2007)。地形图的符号总体上分为地物符号与地貌符号,它们是测图与用图的重要依据。表 1-6 所示为 GB/T 20257.1—2007 中的一些常用符号。

表 1-6 GB/T 20257.1—2007 规定的地形图图式(摘录)

编号	符号名称	1:500 1:1000	1:2000
1	一般房屋 混——房屋结构 3——房屋层数		
2	简单房屋		
3	建筑中的房屋		
4	破坏房屋		
5	棚房		
6	架空房屋		
7	廊房		
8	台阶		
9	无看台的露天体育场		
10	游泳池		
11	过街天桥		

编号	符号名称	1:500　1:1000	1:2000
12	高速公路 　a. 收费站 　0——技术等级代码		
13	等级公路 　2——技术等级代码 　(G325)——国道路线编码		
14	乡村路 　a. 依比例尺的 　b. 不依比例尺的		
15	小路		
16	内部道路		
17	阶梯路		
18	打谷场、球场		
19	旱地		
20	花园		
21	有林地		

编号	符号名称	1：500 1：1000	1：2000
22	人工草地		
23	稻田		
24	常年湖	青 湖	
25	池塘		
26	常年河 a. 水泥线 b. 高水界 c. 流向 d. 潮流向 ◄— 涨潮 —► 落潮		
27	喷水池	1.0⊕3.0	
28	GPS 控制点	▲ B 14 / 3.0 495.267	
29	三角点 凤凰山——点名 394.468——高程	▲ 凤凰山 / 3.0 394.468	
30	导线点 116——等级、点号 84.46——高程	2.0⊡ 116 / 84.46	
31	埋石图根点 16——点号 84.46——高程	1.0⧆ 16 / 2.0 84.46	

编号	符号名称	1∶500 1∶1000	1∶2000
32	不埋石图根点 25——点号 62.74——高程	1.0∷▫ $\dfrac{25}{62.74}$	
33	水准点 Ⅱ京石5——等级、点名、点号 32.804——高程	2.0∷⊗ $\dfrac{Ⅱ京石5}{32.804}$	
34	加油站	1.0∷┇3.0 1.0	
35	路灯	2.0 1.6┇┇4.0 1.0	
36	独立树 a. 阔叶 b. 针叶 c. 果树 d. 棕榈、椰子、槟榔	a 2.0∷●3.0 1.0 1.0 b ↑3.0 1.0 1.0 c 1.8∷●3.0 1.0 d 2.0∷↑3.0 1.0	
37	上水检修井	⊕∷2.0	
38	下水(污水)、雨水检修井	⊕∷2.0	
39	下水暗井	⊖∷2.0	
40	煤气、天然气检修井	⊘∷2.0	
41	热力检修井	⊕∷2.0	
42	电信检修井 a. 电信人孔 b. 电信手孔	a ⊕∷2.0 2.0 b ▫∷2.0	
43	电力检修井	⊘∷2.0	

编号	符号名称	1∶500 1∶1000	1∶2000
44	地面下的管道		
45	围墙 a. 依比例尺的 b. 不依比例尺的		
46	挡土墙		
47	栅栏、栏杆		
48	篱笆		
49	活树篱笆		
50	铁丝网		
51	通信线 地面上的		
52	电线架		
53	配电线 地面上的		
54	陡坎 a. 加固的 b. 未加固的		
55	散树、行树 a. 散树 b. 行树		
56	一般高程点及注记 a. 一般高程点 b. 独立性地物的高程		
57	名称说明注记	友谊路 中等线体4.0(18k) 团结路 中等线体3.5(15k) 胜利路 中等线体2.75(12k)	

编号	符号名称	1∶500　1∶1000	1∶2000
58	等高线 　a. 首曲线 　b. 计曲线 　d. 间曲线	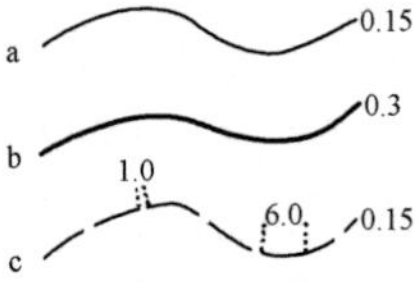	
59	等高线注记	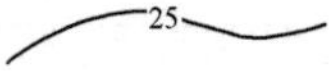	
60	示坡线	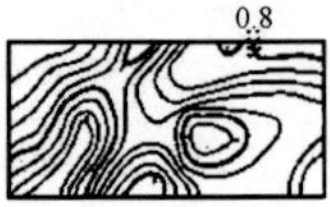	
61	梯田坎	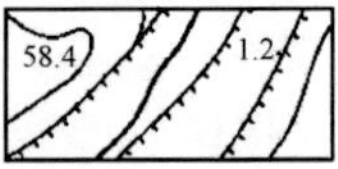	

1. 地物在地形图上的表示方法

地物在地形图上一般用地物符号描绘和表示。根据地物的特性、大小、测图比例尺和描绘方法不同,地物符号可以分成比例符号、非比例符号、线形符号和注记符号四种类型。

(1) 比例符号(依比例尺符号):当地物的轮廓尺寸较大时,将地物的形状和大小按规定的测图比例尺缩绘在图纸上的相似图形,称为比例符号。如表 1-6 中编号为 1、8、25 等图示。比例符号既可以表示地物的位置,也可以量测地物的大小和面积。

(2) 非比例符号(不依比例尺符号):当地物的轮廓尺寸较小但具有一定的特殊意义,如水准点、独立树、电杆等,它们的形状和大小无法按测图比例尺缩绘到图纸上,此时,可不考虑地物实际大小,而直接采用规定的符号在图纸上表示出来,这种符号称为非比例符号。如表 1-6 中编号为 29、33、40 等图示。非比例符号只表示地物的位置,而不能反映地物的形状和大小。

用非比例符号表示地物的中心位置时,通常应注意以下几点：

1）具有规则几何图形符号的地物，如三角点、导线点、水准点、钻孔等，其符号中心位置代表该地物的中心位置。

2）具有宽底形状符号的地物，如烟囱、水塔、碑等，其符号底线中心位置就是该地物的中心位置。

3）底部为直角形符号的地物，如独立树、汽车站等，以符号的直角顶点为该地物的中心位置。

4）几何图形组合符号的地物，如路灯、消火栓等，以该符号下方的几何图形中心为该地物的中心位置。

5）下方无底线的几何图形地物，如山洞、窑、亭等，以该符号下方两端点间的中心点为该地物的中心位置。

除图式有规定外，非比例符号一般应按直立方向（上北下南）描绘。

（3）线形符号（半依比例尺符号）：对于一些带状延伸地物，如铁路、公路、围墙、通信线等，其长度可按测图比例尺缩绘，而宽度不能按测图比例尺缩绘但采用规定的符号表示，这种符号称为线形符号，也有称为半依比例尺符号。如表1-6中编号为15、45、51等图示。线形符号可以表示地物的位置（符号中心线），也可以表示地物的长度，但不能表示地物的宽度。

（4）注记符号。使用文字、数字或特定的符号等对地物的性质、特征等进行注记或补充说明，这种符号称为地物注记。如表1-6中编号为1、23、59等图示中的汉字、箭头、数字等符号。注记符号可以清晰地说明居民地、山脉、河流名称，河流流向、流速、深度，房屋层数，控制点高程，植被种类等信息。

必须说明的是：同一地物在不同比例尺图上表示的符号不尽相同。一般说来，测图比例尺越大，用比例符号描绘的地物越多；测图比例尺越小，用非比例符号和线性符号表示的地物越多。如公路、铁路等地物在1：500～1：2000比例尺地形图上用比例符号表示，而在1：5000比例尺及以上地形图上是按线形符号表示的。

2. 地貌在地形图上的表示方法

地貌的形态多种多样,根据其起伏变化的程度可分成高山、丘陵、平原、洼地等,如图 1-13 所示。

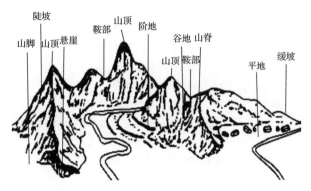

图 1-13　地貌的基本形态

山地是指中间突起而高于四周的高地。高大的山地称为山岭,矮小的山地称为山丘。山的最高处称为山顶。

洼地是指中间部分的高程低于四周的低地。较大区域的洼地又称为盆地。

山脊是指从山顶沿着某一个方向延伸的高地。山脊上最高点的连线称为山脊线或分水线。

山谷是指在两个山脊之间,沿着某一个方向延伸的凹地。山谷中最低点的连线称为山谷线或集水线。

山脊线和山谷线合称为地性线。地性线是反映地貌形态的主要特征线。

鞍部是指连接两个山头之间的低凹部分。

此外,还有一些特殊的地貌,如悬崖、陡崖、陡坎、冲沟等。

对大、中比例尺地形图,地貌一般都是采用等高线来进行表示。对于一些不能用等高线表示的特殊地貌,如冲沟、陡崖等则采用现行国家标准 GB/T 20257.1—2007 中规定的特殊符号来表示。

（1）等高线。等高线是指地面上高程相等的相邻各点所连成的闭合曲线。如图1-14所示有三条等高线，其高程分别为90m、95m、100m。

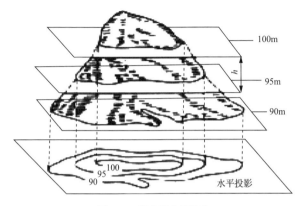

图1-14　等高线表示地貌

（2）等高距。等高距是指同一幅地形图上相邻两条等高线的高程之差，也称为等高线间隔，常用符号 h 表示。如图1-14中的等高距为5m。一般同一幅地形图上的等高距是相同的。

在实际工作中，用等高线表示地貌时，应合理选择等高距，主要是根据现行国家标准《1∶500　1∶1000　1∶2000外业数字测图技术规程》(GB/T 14912—2005)规范并综合比例尺大小、测区的地形类型、用图要求等因素确定，既要满足测图的精度要求，又要经济合理。一般大比例尺地形图的等高距可参考表1-7中数值选用。

表1-7　　　几种常用大比例尺地形图的基本等高距　　（单位：m）

比例尺	地形类型			
	平地	丘陵地	山地	高山地
1∶500	0.5	1.0(0.5)	1.0	1.0
1∶1000	0.5(1.0)	1.0	1.0	2.0
1∶2000	1.0(0.5)	1.0	2.0(2.5)	2.0(2.5)

注：括号内的等高距依用途需要选用。

按表 1-7 选定的等高距称为基本等高距。等高距选定后,等高线的高程必须是基本等高距的整数倍,不能用任意高程。

(3) 等高线平距。等高线平距是指同一幅地形图上相邻两条等高线间的水平距离,常用符号 d 表示。

等高距、等高线平距与地面坡度 i 间有一定关系,即

$$i = \frac{h}{d \cdot M} \tag{1-2}$$

式中:M——地形图比例尺分母。

在同一地形图上,等高线平距的大小将反映地面坡度的变化。等高线平距越小,则地面坡度越大;等高线平距越大,则地面坡度越小。因此,可根据地形图上等高线的疏密来判定地面坡度的缓陡。

(4) 等高线种类。等高线一般分为首曲线、计曲线、间曲线和助曲线四种。

1) 首曲线。首曲线是指在同一幅地形图上按基本等高距绘制的等高线,也称基本等高线。一般用细实线描绘,如图 1-15 中的 98m、102m、104m、106m 和 108m 等高线。

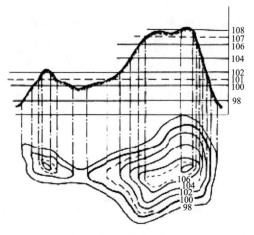

图 1-15　等高线的种类

2）计曲线。计曲线是指将高程为基本等高距的 5 倍或 10 倍整数的等高线加粗描绘而成的等高线,也称加粗等高线。一般用粗实线描绘,并在适当位置断开注记高程,字头指向高处,如图 1-15 中的 100m 等高线。

3）间曲线。间曲线是指按二分之一基本等高距绘制的等高线,也称半距等高线。一般用长虚线表示,仅在局部地区使用,可不闭合,如图 1-15 中的 101m 和 107m 等高线。

4）助曲线。助曲线是指按 1/4 基本等高距绘制的等高线,也叫辅助等高线。一般用短虚线表示,在 1∶500～1∶2000 地形图上并不常用。

（5）示坡线。示坡线是垂直于等高线且指向坡度下降方向的短线。一般用于区分高山、盆地的等高线。如图 1-16 所示。

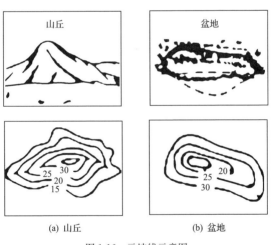

图 1-16 示坡线示意图

（6）等高线特性。等高线的基本特性主要有:

1）同一条等高线上,各点的高程必相等。

2）等高线是一条闭合曲线,如不能在同一幅图内闭合,则必在相邻或其他图幅内闭合。

3）除陡崖或悬崖外,等高线一般不会相交或重合。

4）等高线经过山脊线或山谷线时改变方向，且应与山脊线或山谷线正交。

5）等高线的疏密表示地面坡度的缓陡。同一幅图内，等高线平距越小，地面坡度越大；等高线平距越大，地面坡度越小；等高线平距相等，地面坡度相同。

图 1-17 为某一地区的综合地貌及其等高线图。

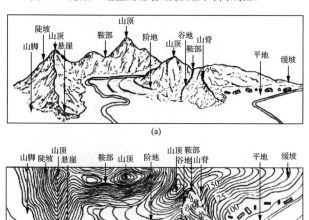

(a)

(b)

图 1-17　各种地貌的等高线表示

四、地形图的图外注记

1. 图名

图名即本幅图纸的名称，通常用本幅图纸内最主要的地名、单位名或山名等来命名。图名注记在本图廓外的正上方，如图 1-18 所示的图名为"沙湾"。

2. 图号

图号是根据地形图分幅和编号方法确定的编号。图号位于本图廓外图名的正下方，如图 1-18 所示的图号为"20.0—15.0"。"20.0""15.0"分别为本幅图西南角的纵、横坐标，单位为"km"。

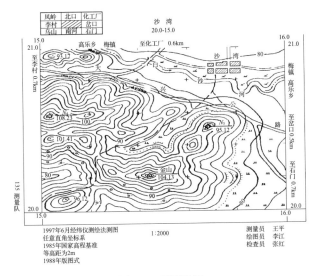

1997年6月经纬仪测绘法测图
任意直角坐标系
1985年国家高程基准
等高距为2m
1988年版图式

1:2000

测量员 王平
绘图员 李江
检查员 张红

图 1-18　图廓注记

3. 接图表

接图表是说明本图幅与相邻图纸的位置关系表。一般接图表为九个小方格,应绘制在本图幅外的左上方,其中绘有平行晕线的一格代表本图幅的位置,而其他小方格则注明了相邻图幅的图名,如图 1-18 所示。

4. 图廓

对于大比例尺图而言,图廓主要分内图廓、外图廓。如图 1-18 所示。

内图廓是本图幅的测图边界线,说明图内地物、地貌测至该边线为止。由于内图廓中的方格网为平面直角坐标格网,其间隔常以公里数注记,因此也称为"公里格网"。

外图廓为本图幅的最外边界线,起着装饰美观之用,一般在内图廓线外间隔一定距离以粗实线平行绘制。

5. 坡度尺

对于大、中比例尺地形图,有的还绘有坡度尺,用于在地形图上根据等高线直接量取地面坡度。坡度尺一般绘制在图幅的左下方,如图 1-19 所示。

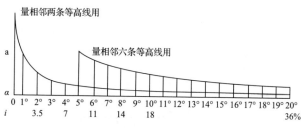

图 1-19 坡度尺

6. 其他注记

其他注记包括测图时间、坐标系统、高程系统、等高距、图式版本、比例尺、测图单位、保密等级等内容。除保密等级一般注记在图幅的右上方外,其他许多内容常注记在图幅的下方,如图 1-18 所示。

五、大比例尺地形图的分幅与编号

1. 地形图分幅与编号的概念

(1) 分幅。为了便于测绘、管理和使用地形图,按一定的规律将广大地区的地形图划分为若干尺寸适宜的单幅图的工作称为地形图的分幅。

我国采用的分幅方法主要有两种:一种是按经度、纬度分幅的梯形分幅法,即国际分幅法,主要用于国家基本比例尺地形图;另一种是按坐标格网分幅的矩形分幅法,主要用于工程建设中的大比例尺地形图。

(2) 编号。对每一单幅图按一定规律编定图号的工作称为地形图的编号。

2. 矩形分幅

大比例尺地形图一般采用矩形分幅法或正方形分幅法,它是按直角坐标的纵、横坐标格网进行划分的。几种大比例尺地形图常用图幅大小情况见表 1-8。

3. 矩形分幅的编号

矩形分幅的编号方法比较灵活,通常有以下几种:

(1) 坐标编号法。坐标编号法是采用本图幅西南角坐标

表 1-8　　　　　　　几种大比例尺地形图常用分幅情况

比例尺	图幅大小/ (cm×cm)	实地面积/ km²	一幅 1:5000 图所含该比例 尺图幅数	1km² 测区 的图幅数	图廓坐标值
1:5000	40×40	4	1	0.25	1000m 的整数倍
1:2000	50×50	1	4	1	1000m 的整数倍
1:1000	50×50	0.25	16	4	500m 的整数倍
1:500	50×50	0.0625	64	16	50m 的整数倍

的公里数作为本幅图纸的编号,记成"$x-y$"形式。1:5000 的地形图,其西南角坐标数值取至整公里数;1:2000、1:1000 的地形图,其西南角坐标数值取至 0.1km;1:500 的地形图,其西南角坐标数值取至 0.01km。如图 1-20 所示,1:2000 比例尺地形图的图号用"20.2—10.6"表示。

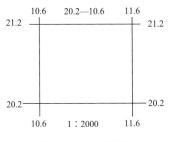

图 1-20　坐标编号法

(2) 重叠编号法。对于某些面积较大的测区,往往绘有几种不同的大比例尺地形图,此时可采用重叠编号法。重叠编号法是以 1:5000 比例尺地形图的西南角坐标为基础图号,下一级比例尺地形图的编号是在基础图号的后面分别加数字 1、2、3、4(按从上至下、从左至右顺序)。如图 1-21 所示,一幅 1:5000 的地形图被分成 4 幅 1:2000 的地形图,则 1:2000 地形图的编号是在基础图号"20—30"之后分别加上 1、2、3、4。同法,可继续对分成 1:1000 及 1:500 的地形图进行分幅和编号。

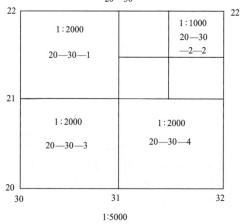

图 1-21　重叠编号法

（3）顺序编号法。顺序编号法也称流水编号法，当测区面积较小或为带状测区时，可根据具体情况，按从上到下、从左到右的顺序用阿拉伯数字1、2、3、…进行流水编号，有时也可在数字前冠以测区名称，如图 1-22 所示。

1	2	3	4
5	6	7	8
9	10	11	12

图 1-22　顺序编号法

（4）行列编号法。当测区范围较小时，还可采用行列编号法。行列编号法中，一般由上至下为行，以一定的代号表示；从左至右为列，按一定数字顺序表示，如图 1-23 所示。

A-1	A-2	A-3	A-4
B-1	B-2	B-3	B-4
C-1	C-2	C-3	C-4

图 1-23　行列编号法

经验之谈

地形图认识要点

★认识国家对地物、地貌在地形图上的表示方法如样式、规格、颜色、使用要求等所规定的统一标准；

★认识地形图的注记规范。

第三节　水利水电工程施工图的识读

一、水利水电工程施工图识读

水利工程的兴建一般需在勘测的基础上经历规划、设计、施工、验收等阶段，每个阶段都需要绘制相应的图样。

1. 规划图

规划图是表达水力资源开发中计划兴建各建筑物的类别及位置的示意性图样，如流域规划图、灌区规划图等，如图 1-24 所示为某灌区规划图。

规划图为平面图，图中各建筑物按制图标准规定的"水工建筑物平面图例"绘制，无须表达建筑物的结构形状。水工建筑物常用平面图例见表 1-9。

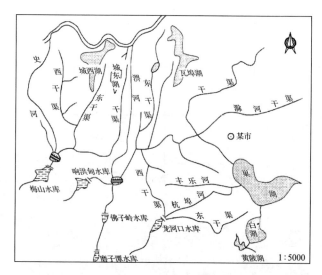

图 1-24 某灌区规划图

　　规划图表达的地域较大，一般采用较小的比例尺 1:10000 或更小，如上述某灌区规划图比例尺为 1:50000。

　　阅读规划图，首先根据指北针辨明方向，然后看清各主要建筑物的类别及布局。如图 1-24 所示某灌区规划图表明，该灌区有 5 座水库作为取水渠首，通过堰塘的调节，由总长 1000 多 km（由比例尺 1:50000 估算）的总干渠和分干渠，来灌溉 1000 多万亩土地，管区内水库、堰塘、总干渠及分干渠的位置均在图中作了示意性表达。

　　2. 枢纽布置图

　　在水利工程中，为了达到兴利除弊、综合利用之目的，兴建的几个水工建筑物有机组合的综合体，称为水利枢纽。常见的水利枢纽如水库枢纽（包括挡水坝、输水涵洞、溢洪道等建筑物），泵站枢纽（包括泵站、进水闸等）。

　　将水利枢纽中各主要建筑物的平面形状和位置画在图形上，这样的工程图样称为枢纽布置图，如图 1-25 所示。

　　枢纽布置图是枢纽中各建筑物定位、施工放样、土石方

表 1-9　　　　　　　　　　水工建筑物平面图例

名称		图例	名称	图例
水库	大型	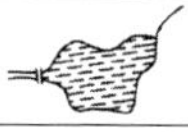	水闸	
	小型		溢洪道	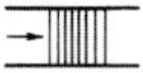
混凝土坝			渡槽	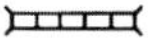
堤			隧洞	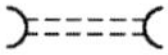
防浪堤	直墙式		涵洞管	 (大) (小)
	斜墙式		虹吸	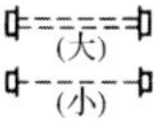 (大) (小)
水电站	大比例尺	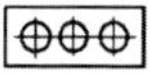	跌水	
	小比例尺		斗门	
变电站			沟	明沟
泵站				暗沟
船闸			灌区	
土石坝			鱼道	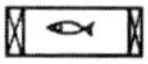

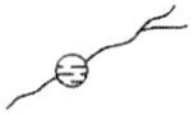

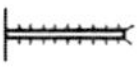

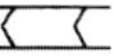

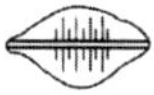

施工及绘制施工总平面图的依据。枢纽布置图包括以下内容：

（1）枢纽所在地的地形、河流、水流方向和地理方位。

（2）枢纽中主要建筑物的平面形状及各建筑物之间的位置关系。

（3）建筑物与地面相交情况及填、挖方坡边线。

（4）建筑物的主要高程及其他主要尺寸。

3. 建筑物结构图

表达建筑物形状、大小、结构及建筑材料的工程图样称为建筑物结构图，如图 1-26 所示为涵洞式进水闸结构图，它和枢纽布置图都是设计阶段绘制的图样。

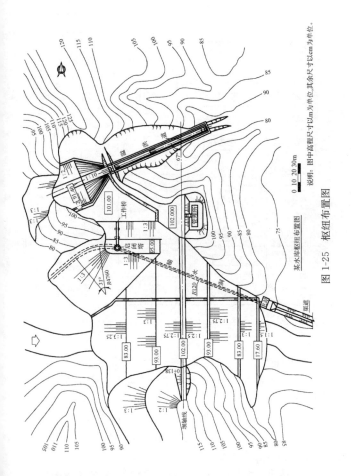

说明：图中高程尺寸以m为单位，其余尺寸以cm为单位。

0 10 20 30m

某水库枢纽布置图

图 1-25　枢纽布置图

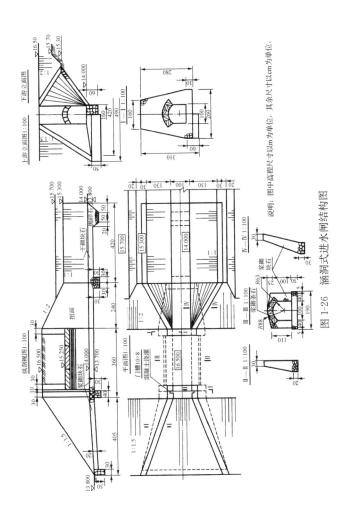

说明：图中高程尺寸以m为单位，其余尺寸以cm为单位。

图 1-26 涵洞式进水闸结构图

建筑物结构图通常包括以下内容：

（1）建筑物的结构、形状、尺寸及材料。

（2）建筑物的细部构造。

（3）工程地质情况及建筑物与地基的连接方式。

（4）建筑物的工作情况，如特征水位、水面曲线等。

（5）附属设备的位置。

4. 施工图

按照设计要求绘制的指导施工的图样称为施工图。施工图主要表达施工程序、施工组织、施工方法等内容。施工图一般包括施工场地布置图、基础开挖图、混凝土分期分块浇筑图、导流图、钢筋图等。

5. 竣工图

工程施工过程中，对建筑物的结构进行局部修改是难免的，竣工后建筑物的实际结构与建筑物结构图存在差异。因此，应按竣工后建筑物的实际结构绘制竣工图，供存档和工程管理用。

【例 1-1】 识读进水闸结构图。

水闸的作用：水闸建造于河道或渠道中，安装有可以启闭的闸门。开启闸门即开闸放水；关闭闸门则可挡水，抬高上游水位；调节闸门开启的大小，可以控制过闸的水流量。因此，水闸的作用可以概括为：控制水位，调节流量。

水闸的组成部分：如图 1-27 所示为某水闸的立体示意图。

水闸由上游连接段、闸室、下游连接段三部分组成，现结合图 1-27 将水闸各部分的结构及作用介绍如下：

（1）闸室。水闸中闸墩所在部位为闸室。闸室是水闸的主体，闸门即位于其中。闸室由底板、闸墩、岸墙、胸墙、闸门、交通桥、工作桥、便桥等组成。闸室是水闸直接起控制水位、调节流量作用的部分。

（2）上游连接段。图 1-27 中闸室以左的部分为上游连接段，由上游护坡、上游护底、铺盖、上游翼墙等组成。上游连接段的作用主要有三点：一是引导水流平稳进入闸室（顺

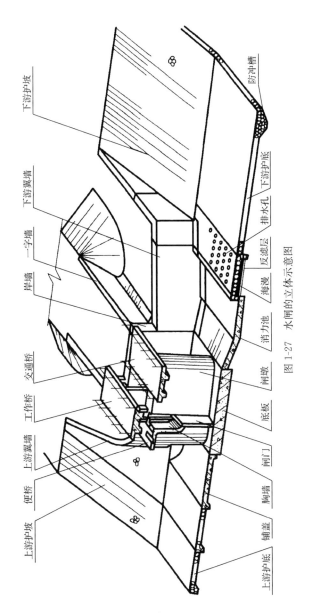

图 1-27 水闸的立体示意图

流);二是防止水流冲刷河床(防冲);三是降低渗透水流对水闸的不利影响(防渗)。

（3）下游连接段。图 1-27 中闸室以右的部分为下游连接段，由下游翼墙、消力池、下游护坡、海漫、下游护底及防冲槽等组成。下游连接段的主要作用是消除水闸水流的能量，防止其对下游河床的冲刷，即防冲消能。图 1-27 海漫部分设置排水孔是为了排出渗透水。为了使排出的渗透水不带走海漫下部的土粒，在排水孔下面铺设粗砂、小石子等进行过滤，称为反滤层。

图 1-28 是某进水闸的结构图，读图如下：

（1）概括了解。阅读标题栏和说明，建筑物名称为"进水闸"，是渠道的渠首建筑物，作用是调节进入渠道的灌溉水流量，由上游连接段、闸室、下游连接段三部分组成。图中高程尺寸以 m 为单位，其余均以 cm 为单位。

（2）分析视图。为表达进水闸的主要结构，共选用平面图、进水闸剖视图、上下游立面图和七个剖面图。其中前三个图形表达进水闸的总体结构，剖面图的剖切位置标注于平面图中，它们分别表示上下游翼墙、一字形挡土墙、岸墙、闸墩的剖面形状、材料以及岸墙与底板的连接关系。

平面图采用了省略画法，只画出了以进水闸轴线为界的左岸。闸室部分采用了拆卸画法，略去交通桥、工作桥、便桥和胸墙。

进水闸剖视图系沿闸孔中心水流方向剖切，故可称为纵剖视图。

上下游立面图为合成视图。

（3）分析形体。分析了视图表达的总体情况之后，读图就进入分析形体的关键阶段。对于进水闸，宜从水闸的主体部分闸室开始进行分析识读。

首先从平面图中找出闸墩的视图。借助于闸墩的结构特点，即闸墩上有闸门槽、闸墩两端曲面形状利于分水，先确定闸墩的俯视图。结合 H-H 剖面图并参考岸墙的正视图，可想象闸墩的形状是两端为半圆头的长方体，其上有两个闸

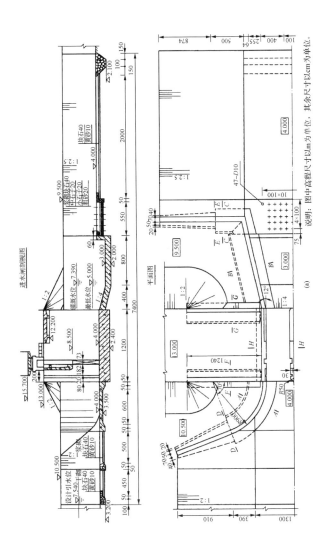

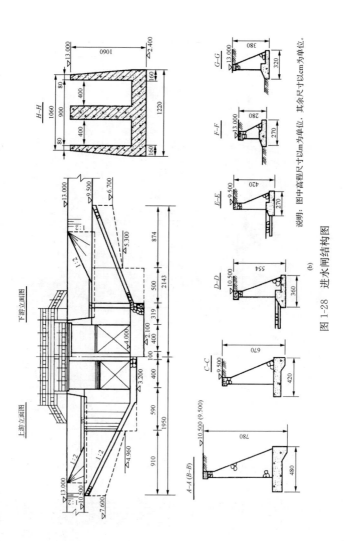

说明：图中高程尺寸以m为单位，其余尺寸以cm为单位。

(b)

图 1-28　进水闸结构图

门槽,偏上游端的是检修闸门槽,另一个为主闸门槽,闸墩顶面左高右低,分别是便桥、工作桥和交通桥的基础。闸墩长1200cm,宽100cm,材料为钢筋混凝土。

闸墩下部为闸底板,进水闸剖视图中闸室最下部的矩形线框为其正视图。结合阅读 H-H 剖面图可知,闸底板结构形状为平底板,长1220cm、厚160cm,建筑材料为钢筋混凝土。闸底板是闸室的基础部分,承受闸门、闸墩、桥等结构的重量和水压力,然后传递给基础,因此闸底板厚度尺寸较大,建筑材料较好。

岸墙是闸室与两岸连接处的挡土墙,平面位置、迎水面结构(如门槽)与闸墩相对应。将平面图、进水闸剖视图和 H-H 剖面图结合识读,可知其为重力式挡土墙,与闸墩、闸底板形成山字形钢筋混凝土整体结构。

由于"进水闸结构图"只是该闸设计图的一部分,闸门、胸墙、桥等部分另有图纸表达,此处只作概略了解。

闸室的主要结构读懂之后,转而识读上游连接段。

顺水流方向自左至右先识读上游护坡和上游护底。将进水闸剖视图和上游立面图结合识读,可知上游护坡分为两段,材料分别为干砌块石和浆砌块石,这是由于越靠近闸室水流越湍急,冲刷越烈的缘故。护坡两段各长600cm。护底左端砌筑梯形齿墙防滑,块石厚40cm,下垫黄砂层厚10cm。

与闸室底板相连的铺盖,长800cm,厚40cm,材料为钢筋混凝土。上游翼墙分为两节,其平面布置形式第一节为圆弧形,第二节为八字形,结合剖面 A-A、D-D,可知上游翼墙为重力式挡土墙,主体材料为浆砌块石。进水闸剖视图表明,上游翼墙与上游河道坡面有交线,交线由直线段和平面曲线两部分组成,分别为八字形翼墙和圆弧形翼墙与坡面的交线。圆弧形翼墙的柱面部分画有柱面素线。

采用相同的方法,也可以读懂下游连接段各组成部分。

(4)综合整理。最后将上述读图的成果对照总体图综合归纳,想象出进水闸的整体形状。

进水闸为两孔,每孔净宽400cm、总宽900cm,设计引水位 7.54m,灌溉水位为 7.39m。

上游连接段有干砌块石和浆砌块石护坡、护底,钢筋混凝土铺盖和两节上游翼墙。

闸室为水平底板,与闸墩及岸墙的连接为山字形整体结构,闸门为升降式闸门,门高 450cm,门顶以上有钢筋混凝土固定式胸墙,闸室上部有交通桥、工作桥、便桥各一座,均为钢筋混凝土结构。

下游连接段中下游翼墙平面布置形式为"反翼墙"式,分三节,均为浆砌块石重力式挡土墙;与闸底板相连的为消力池,长 1200cm、深 100cm;下游护坡、海漫、下游护底分别用浆砌块石、干砌块石护砌,长度分别为 600cm 和 2000cm;海漫部分设排水孔,下铺反滤层;下游护底末端与天然河床连接处设防冲槽。

【例 1-2】 阅读水库枢纽设计图。

该设计图分为水库枢纽布置图和土坝设计图两部分,现分别识读。

水库枢纽布置图,如图 1-29 所示。

(1)水库枢纽的组成。水库枢纽指挡水坝、输水涵洞、溢洪道等组成的建筑物群体。其中挡水坝起拦水作用,其上游蓄水成水库。涵洞是引水建筑物,当水库下游需水时,可开启涵洞闸门引水库水进入下游渠道。溢洪道是水库的"安全门",当上游来水过多,水库水位抬高影响到坝身安全时,即需通过溢洪道将部分水库水排入下游河道。除上述建筑物外,有的水库枢纽还包括发电站等建筑物,以便综合利用水力资源。

(2)读图。如前所述,枢纽布置图是将枢纽中的主要建筑物画在地形图上,以表示其平面形状和位置。图 1-29 表明,水库所在地南北共三个山头,挡水坝建于南边两个山头之间。输水涵洞建于土坝北侧,采用塔式取水,管理人员可由工作桥进入启闭塔。输水涵洞下游建有水力发电站。在北边山头的山坡上开山建溢洪道。水库管理所位于挡水坝的东北侧。

土坝设计图如图 1-30 所示。

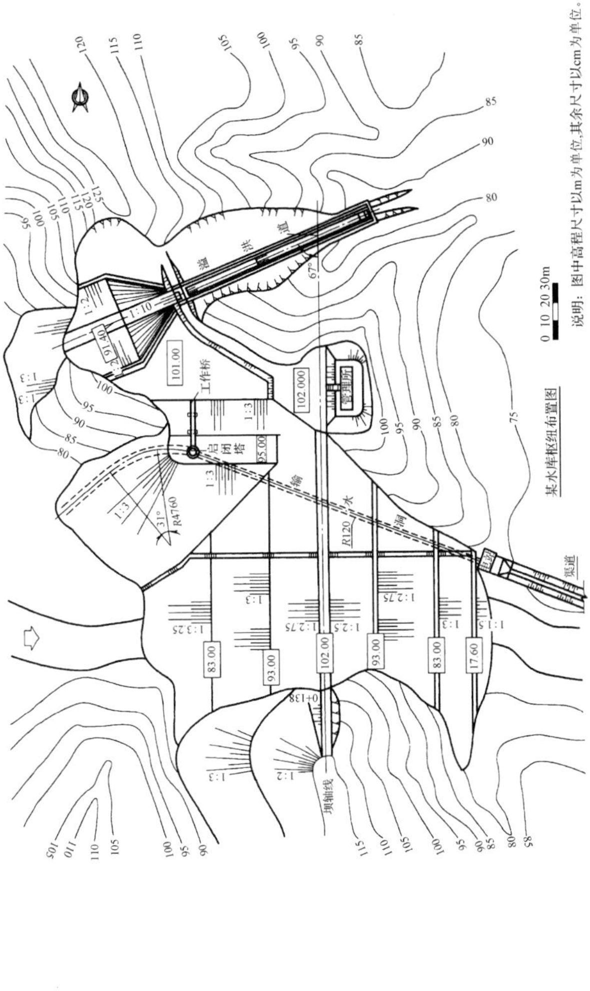

某水库枢纽布置图

图 1-29 水库枢纽布置图

说明：图中高程尺寸以m为单位，其余尺寸以cm为单位。

0 10 20 30m

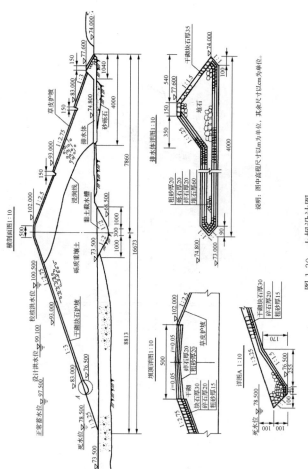

图 1-30　土坝设计图

（1）分析视图。如图 1-30 所示挡水坝由坝身、黏土截水槽、排水体、护坡等组成。横剖面图系垂直坝轴线剖切所得，表达坝身的总体结构，三个详图分别表达坝顶、上游护坡底端及排水体的结构。

（2）读图。由横剖面图可知，坝身为梯形剖面，由砾质重壤土堆筑而成。坝顶高程为 102.000m，宽 5m，迎水坡的坡度自上而下依次是 1：2.75、1：3、1：3.25，用干砌块石护砌。背水坡设有马道两条，高程分别是 93.000m 和 83.000m，宽度均为 1.5m，边坡自上而下依次是 1：2.5、1：2.75、1：3，草皮护坡。坝轴线下部设黏土截水槽，防止坝底渗漏。下游坡脚处设排水体，排除渗透水。图中还表明设计水位和设计浸润线。将土坝横剖面图与前述水库枢纽布置图对照阅读，对土坝的长、宽、高三个方向的结构形状、尺寸、材料就会有总体的了解。

坝顶详图重点表达坝顶的结构、材料及尺寸，如坝顶及上游护坡均由三层建筑材料构成。

详图 A 表达上游护坡底端的结构及尺寸；排水体详图则表达排水体的结构及尺寸。

二、钢筋混凝土构件结构详图识读

1. 钢筋图的图示法

钢筋图主要用于表达构件中钢筋的位置、规格、形状和数量，即表达的重点为钢筋。钢筋图通常由构件立面图、平面图和剖面图组成。其图示特点如下。

（1）构件外形用细实线表示，钢筋用粗实线绘制。

（2）在剖面图中，钢筋的截面用小黑圆点表示。

（3）剖面图中不画钢筋混凝土材料图例并假想为透明体。

（4）不同类型、尺寸的钢筋用不同编号表示。

2. 钢筋图的识读

识读钢筋图，应首先了解构件名称、作用和外形，然后着重看懂构件中钢筋的形状、规格、长度、数量、间距等。

下面以图 1-31 所示 T 形梁钢筋图为例，介绍识读钢筋图的一般方法和步骤。

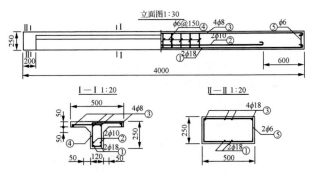

图 1-31　T 形梁钢筋图

（1）了解构件的名称、外形及所用视图。该构件为 T 形梁，采用半剖视的正立面图和Ⅰ—Ⅰ、Ⅱ—Ⅱ剖面图以及钢筋表来表达。构件外形尺寸为长 4000mm、宽 500mm、高 250mm。钢筋表见表 1-10。

表 1-10　　　　　　　　　钢　筋　表

编号	直径/mm	型式	单根长/mm	根数	总长/mm
①	$\phi 18$		4184	2	8368
②	$\phi 10$		2990	2	5980
③	$\phi 8$		4184	4	16736
④	$\phi 6$		1270	25	31750
⑤	$\phi 6$		1480	2	2960

（2）弄清构件中各编号钢筋的位置、规格、形状、数量等，这是识读的重点。方法是从钢筋的编号循指引线找钢筋的投影，并将立面图与剖面图对照阅读。从图 1-31 的立面图可知，梁下部有编号为①的钢筋 2 根，Ⅰ级钢筋，直径 $\phi 18$，对照Ⅰ—Ⅰ剖面图可知它位于梁下部前后两角。从立面图还可以看出①号钢筋以上有 2 根②号钢筋，直径 $\phi 10$，结合Ⅰ—Ⅰ剖

面图可知它前后位置与①号钢筋相同。同法可知③号钢筋位于梁的上部,共 4 根,直径为 $\phi8$。梁中及梁端各有钢箍④和⑤,④号钢箍直径 $\phi6$,间距 150;⑤号钢箍共 2 根,梁的两端各有 1 根,直径为 $\phi6$。

（3）与钢筋表对照。将读图结果与钢筋表对照,检查读图结果正确与否。

第二章

水利水电工程测量概论

第一节　工程测量基础知识

一、工程测量的任务

1. 测量学的概念

测量学是研究地球的形状和大小，以及确定地面点位（平面位置和高程）或地面点间相对位置关系的一门学科。

2. 测量学研究的对象

测量学研究的对象主要是地球和地球表面上的各种物体，包括它们的几何形状、空间位置关系以及其他信息。

3. 测量学的学科分类

测量学是一门综合性的学科，根据其研究对象、研究范围、工作任务不同，可分为大地测量学、地形测量学、摄影测量与遥感、工程测量学及地图制图学等学科。

大地测量学是研究在整个地球表面广大区域内建立国家大地控制网，测定地球形状、大小和地球重力场的理论、技术与方法的学科。通过进行大地测量工作，可以为地形测图和各种工程测量提供基础起算数据，为空间科学、军事科学及研究地壳变形、地震预报等提供重要资料。按照测量手段的不同，大地测量学又分为常规大地测量学、空间大地测量学及物理大地测量学等。

地形测量学是研究在地球表面局部区域内如何将地物、地貌及其他有关信息测绘成地形图的理论、方法和技术的学科。通过进行地形测量工作，可以为工程建设提供必要的地形资料。按照成图方式的不同，地形测图又分为模拟化测图和数字化测图。

摄影测量与遥感技术是利用摄影相片或遥感技术来研究地表形状和大小的学科。通过对获取的地面物体的影像进行分析处理后,可以建立相应的数字模型或直接绘制成地形图。按照相片获取方式的不同,摄影测量又分为地面摄影测量学、航空摄影测量学和航天摄影测量学等。

工程测量学是研究各种工程建设在规划设计、施工建设和运营管理各个阶段所进行的各种测量工作的学科。工程测量学是一门应用学科,按其服务对象可分为建筑、水利、铁路、公路、桥梁、隧道、地下、管线(输电线、输油管)、矿山、城市和国防等工程测量。

地图制图学是利用测量所获得的成果资料,研究如何投影编绘成图和地图制作的理论、方法和应用等方面的学科。

4. 工程测量的任务

工程测量的内容主要包括测定和测设两个方面。测定,是指通过测量得到一系列数据,以确定地面点位置或将地表地物和地貌缩绘成各种比例尺的地形图。测设,是指将图纸上规划设计好的建筑物或构筑物的位置在实地标定出来,作为施工的依据。

测量工作贯穿于工程建设的全过程,其任务主要有以下几个方面:

(1)地形图测绘。主要是使用各种测量仪器和工具,采用一定的测量程序和方法,将工程建设区域地面上的各种地物和地貌,按规定的符号及一定的比例尺绘制成各种地形图、断面图,或用数字表示出来,供工程建设的规划、设计和施工各阶段使用。

(2)施工放样。主要是使用各种测量仪器和工具,采用一定的测量程序和方法,把图纸上设计好的建筑物或构筑物的平面位置和高程在地面上标定出来,以配合和指导施工。施工放样也称为测设。

(3)竣工总平面图绘制。主要是指在工程竣工后,对建(构)筑物、各种生产生活管道等设施,特别是对隐蔽工程的平面位置和高程位置进行竣工测量,绘制竣工总平面图,为建(构)筑物交付使用前的验收及以后的改建、扩建和使用中的检修提供必要资料。

(4)建筑物变形监测。主要是指在建筑物施工和使用阶段,定期对建筑物的位移、沉降、倾斜及摆动等情况进行观测,以监测建筑物的基础和结构的安全稳定状况、了解设计施工是否合理,为工程质量的鉴定、工程结构和地基基础的研究及建筑物的安全保护等提供资料。

二、测量工作的基准

地球自然表面有高山、丘陵、平原、盆地及海洋等,呈复杂的起伏形态,是一个不规则的曲面。一方面,地表上最高的珠穆朗玛峰高达 8844.43m,最深的马里亚纳海沟深达11034m,两者高度差近20000m,但与地球的半径6371km相比较,其高度差仍然是很小的。另一方面,地球表面上海洋面积约占71%,陆地面积约占29%。因此,可以把海水所覆盖的地球形体看作是地球的总体形状。

1. 测量工作基准面

(1)水准面:设想一个静止的海水面向陆地和岛屿延伸后所形成一个包围地球的封闭曲面。由于地球内部构造的复杂,及潮汐、风浪的影响,水准面有无数个且不规则。

(2)大地水准面:与平均海水面相吻合的水准面。大地水准面也是一个不规则的曲面,其包围的地球形体称为大地体,如图 2-1 所示。

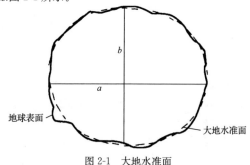

图 2-1　大地水准面

（3）参考椭球体：长期的测量实践证明，大地体与一个以椭圆短轴为旋转轴的旋转椭球的形状十分相似。因此，常将旋转椭球作为地球的参考形状和大小，这个旋转椭球体也称为参考椭球体，如图2-2所示。

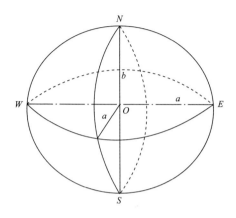

图2-2　旋转椭球体

我国目前所采用的1980年国家大地测量坐标系，其坐标原点在陕西省泾阳县永乐镇，称为国家大地原点。其参考椭球体基本元素是：长半径 $a = 6378140\text{m}$，短半径 $b = 6356755\text{m}$，扁率 $\alpha = (a-b)/a = 1/298.257$。

（4）圆球：由于地球椭球体的扁率很小，当测区面积不大时，可将椭球近似地看作为圆球，而圆球的平均半径为

$$R = \frac{1}{3}(a+a+b) = 6371(\text{km}) \tag{2-1}$$

（5）水平面：当测量区域很小时，可选择与水准面相切的平面作为测量基准面。

2. 测量工作基准线

由于地球的自转运动，地球上任一点都要受到离心力和地球引力的双重作用，这两个力的合力称为重力，重力的方向线称为铅垂线。铅垂线即为测量工作的基准线。

第二节　地面点位的确定

测量工作的基本任务之一就是确定地面点的空间位置。在测量中,地面点的空间位置通常以地面点在基准面上的投影位置(即地面点的投影坐标),以及地面点到基准面的铅垂距离(即地面点的高程)来表示的。随着基准面的选择不同,地面点的投影坐标主要分为大地坐标(以参考椭球面为基准面)、地理坐标(以圆球面为基准面)、平面直角坐标(以平面为基准面)。

一、地面点平面位置的确定

在工程建设中,常采用平面直角坐标系。

1. 高斯平面直角坐标系

当测区范围较大时,为了减少投影误差,一般是采用高斯投影方法先将地面点投影到椭球面上,再将球面展开成平面。我国现采用的是高斯—克吕格投影方法。如图 2-3 所示,设想用一个椭圆柱体横套在地球椭球体上,并使椭圆柱体的轴心通过地球的中心,让椭圆柱面与椭圆球面上的某一子午线(该子午线称为中央子午线)相切,然后按照一定的数学法则,将中央子午线东西两侧球面上的图形投影到椭圆柱面上,再将椭圆柱面沿其母线剪开,展开成平面,即可得到平面上的投影图形,图 2-4 所示。

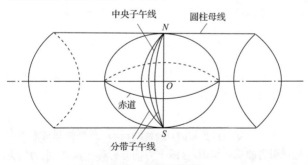

图 2-3　高斯投影原理

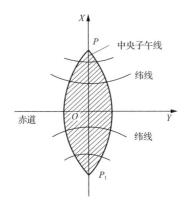

图 2-4　高斯投影面

高斯投影有以下特点：

(1) 中央子午线投影后为直线且长度不变，其余经线为凹向中央子午线的对称曲线。

(2) 赤道投影后为与中央子午线投影正交的直线，其余纬线的投影是凸向赤道的对称曲线。

在高斯平面直角坐标系中，投影后的中央子午线和赤道的交点 O 为坐标原点，以中央子午线的投影为纵坐标轴（即 X 轴），表示南北方向，向北为正，向南为负；赤道投影后的直线为横坐标轴（即 Y 轴），表示东西方向，以东为正，以西为负，如图 2-4 所示。

为了使变形限制在允许范围内，常按一定经差将地球椭球面划分成若干投影带，投影带的宽度以相邻两个子午线的经差来划分，主要有 $6°$ 带、$3°$ 带、$1.5°$ 带等几种。如图 2-5 所示，$6°$ 带是从 $0°$ 子午线起每隔经差 $6°$ 自西向东分带，将整个地球分成 60 个投影带，分别用阿拉伯数字 1～60 顺序编号。

在 $6°$ 带中，每带的中央子午线的经度 L_0 与带号 N 之间的关系式为

$$L_0 = 6N - 3 \qquad (2-2)$$

式中：N ——$6°$ 投影带的带号。

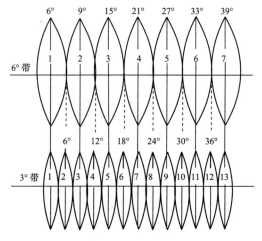

图 2-5　高斯投影分带

如图 2-5 所示，3°带是在 6°带的基础上分成的，它是从东经 1.5°子午线起每隔经差 3°自西向东分带，将整个地球分成 120 个投影带，分别用阿拉伯数字 1～120 顺序编号。

3°带中的中央子午线经度 L'_0 与带号 n 之间的关系式为

$$L'_0 = 3n \qquad (2\text{-}3)$$

式中：n——3°投影带的带号。

考虑到我国位于北半球，为避免横坐标出现负值，规定将坐标原点西移 500km。如图 2-6(b)所示，这样全部横坐标值均为正值，此时中央子午线的 Y 值不是 0 而是 500km。如图 2-6(a)所示，B 点位于中央子午线为 117°的 6°带内，带号为 20，$X_B = 272552.38\text{m}$，$Y_B = -294542.23\text{m}$，横坐标轴向西平移 500km 后，则其横坐标应为 $Y_B = -294542.23 + 500000 = 205457.77\text{m}$。由于在不同投影带内相同位置的点的投影坐标值相同，因此，规定在横坐标值前应冠以带号，以表示该点所在的带。如 B 点横坐标常写为 $Y_B = 20205457.77\text{m}$。通常将未加 500km 和带号的横坐标值称为自然值，而将加上 500km 并冠以带号的横坐标值称为通用值。

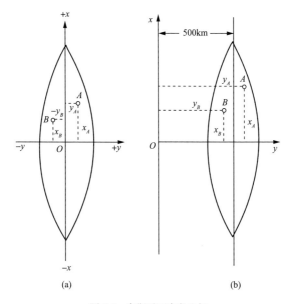

图 2-6　高斯平面直角坐标

2. 独立平面直角坐标系

当测量区域较小时,可近似地将该测区内大地水准面当作平面看待,即直接将地面点沿铅垂线投影到水平面上,如图 2-7 所示。在建立独立平面直角坐标系时,原点一般选在测区西南角以外,以使测区内各点坐标值均为正值。在独立

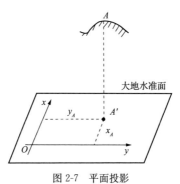

图 2-7　平面投影

平面直角坐标系中,一般纵轴为 X 轴,与南北方向一致,向北为正,向南为负;横轴为 Y 轴,与东西方向一致,向东为正,向西为负。同时,平面直角坐标系的象限按顺时针方向进行编号,如图 2-8 所示。

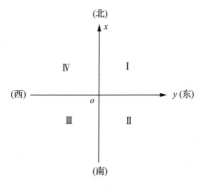

图 2-8　平面直角坐标系

二、地面点高程位置的确定

1. 绝对高程

地面上某点沿铅垂线方向到大地水准面的距离,称为该点的绝对高程,简称高程或海拔,一般用符号 H 表示。如图 2-9 所示,H_A、H_B 分别为地面上 A、B 两点的绝对高程。我

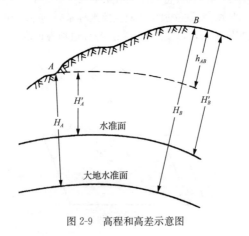

图 2-9　高程和高差示意图

国高程系统现采用"1985 国家高程基准",其对应水准原点高程为 72.26m。

2. 相对高程

地面上某点沿铅垂线方向到任意水准面的距离,称为该点的相对高程或假定高程,一般用符号 H' 表示。如图 2-9 中,A、B 两点的相对高程分别为 H'_A、H'_B。

3. 高差

高差是指地面上两点的高程之差,一般用符号 h 表示。如图 2-9 中,A、B 两点间的高差 h_{AB} 为

$$h_{AB} = H_B - H_A = H'_B - H'_A \qquad (2-4)$$

高差 h_{AB} 的正负反映了 A、B 两点的高低情况,当 h_{AB} 为正时,说明 B 点高于 A 点;当 h_{AB} 为负时,则说明 B 点低于 A 点。

三、确定地面点位的基本测量工作

测量工作的实质是确定地面各点的平面坐标 x、y 和高程,但其坐标和高程通常并非直接测定,而是通过测量出待定点与已知点之间的几何关系要素,再根据已知数据计算出该点的平面坐标和高程。如图 2-10 所示,设地面点 A 的平

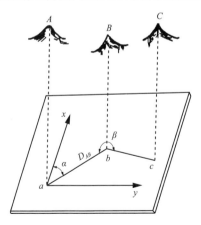

图 2-10 测量的基本工作

面坐标和高程已知,为了确定地面点 B 的平面位置,需要测量水平面上 a 点到 b 点的水平距离 D_{AB} 及 ab 直线的方向,而直线 ab 的方向可以用通过 a 点的指北方向线与 ab 间的水平角 α(方位角)来表示,根据 A 的平面直角坐标 $(x_A、y_A)$、水平距离 D_{AB} 和方位角 α,可以计算出 B 的平面直角坐标 $(x_B、y_B)$。如要确定 B 点的空间位置,除了要计算出 B 的平面直角坐标外,还要通过测量 A、B 两点间的高低关系要素(即 A、B 两点间的高差 h_{AB}),根据 A 点的已知高程 H_A 来计算出 B 点的高程 H_B。同理,可以确定 C 点的空间位置。

由此可知,水平距离、水平角及高差是确定地面点相对位置的三个基本几何要素。而角度测量、距离测量和高程测量则是测量的三项基本工作。

第三节　水平面代替曲面的限度

当测区范围较大时,测量工作必须考虑地球曲率的影响。而在实际测量工作中,在一定的测量精度要求和当测区面积较小时,又常常用水平面直接代替水准面作为投影面,以使测量计算和绘图工作大为简化。

一、平面代替曲面所产生的距离误差

如图 2-11 所示,A、B 为地面上两点,在大地水准面上的投影分别为 a、b,弧长为 D;在水平面上的投影分别为 a'、b',其距离为 D'。

D、D' 两者之差 ΔD 即为用水平面代替水准面所产生的误差,有

$$\Delta D = \frac{D^3}{3R^2} \qquad (2-5)$$

而相对误差为

$$\frac{\Delta D}{D} = \frac{1}{3} \left(\frac{D}{R} \right)^2 \qquad (2-6)$$

式中:R——地球曲率半径,$R = 6371\text{km}$。

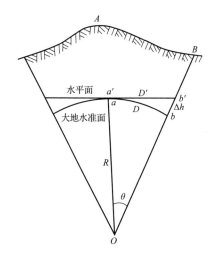

图 2-11 水平面代替水准面的影响

以不同的 D 值代入式(2-5)和式(2-6),即可求得对应的用水平面代替水准面的距离误差和相对误差,见表 2-1。

表 2-1   用水平面代替水准面对距离的影响

距离 D/km	距离误差 $\Delta D/\text{cm}$	相对误差 $\Delta D/D$	距离 D/km	距离误差 $\Delta D/\text{cm}$	相对误差 $\Delta D/D$
10	0.8	1:1220000	50	102.7	1:49000
25	12.8	1:200000	100	821.2	1:12000

结论:在半径为 10km 的范围内,地球曲率对水平距离的影响可以忽略不计。对于精度要求较低的测量,还可以扩大到以 25km 为半径的范围。

二、平面代替曲面所产生的高程误差

如图 2-11 所示,a、b 两点在同一水准面上,其高差 $h_{ab} = 0$。a'、b' 两点的高差 $h_{a'b'} = \Delta h$,而 Δh 即为水平面代替水准面所产生的高差误差,有

$$\Delta h = \frac{D^2}{2R} \tag{2-7}$$

以不同距离 D 值代入式(2-7),得相应的高差误差值,见表 2-2。

表 2-2　　　　用水平面代替水准面对高差的影响

D/m	100	200	500	1000
$\Delta h/\mathrm{mm}$	0.8	3.1	19.6	78.5

结论:在进行高程测量时,即使距离很短,也必须考虑地球曲率对高差的影响。

三、平面代替曲面所产生的角度误差

根据球面三角学理论,同一个空间多边形在球面上投影所得到的多边形内角之和,要大于它在平面上的投影得到的多边形内角之和,所大的这个量就是球面角超 ε。有

$$\varepsilon = \frac{P}{R^2}\rho'' \tag{2-8}$$

式中: P ——平面图形的面积;

$\rho'' = 206265''$。

结论:在面积为 100km² 范围内进行水平角度测量时,可以不考虑地球曲率的影响。

经验之谈

水利水电工程测量要点

★确定地面点的空间位置是工程测量的基本任务;

★水平距离、水平角及高差是确定地面点相对位置的三个基本几何要素;角度测量、距离测量和高程测量则是测量的三项基本工作。

第三章

水 准 测 量

第一节 水准测量概述

一、水准测量原理

水准测量是利用水准仪所提供的水平视线,测定地面上两点间的高差,根据已知点高程求出未知点高程的一种方法。

如图 3-1 所示,地面上有 A、B 两点,设 A 点的已知高程为 H_A,B 点为待定点,其高程未知。现在 A、B 两点之间安置一台水准仪,在 A、B 两点上分别竖立水准尺,当水准仪的视线水平时,分别读取 A 点尺上的读数 a 和 B 点尺上的读数 b。

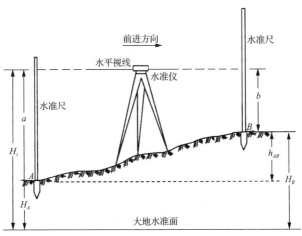

图 3-1　水准测量原理

则 A、B 两点间的高差 h_{AB} 等于后视读数 a 减去前视读数 b，即

$$h_{AB} = a - b \qquad (3\text{-}1)$$

而 B 点的高程 H_B 为

$$H_B = H_A + h_{AB} = H_A + (a - b) \qquad (3\text{-}2)$$

实际工作中，也可先计算视线高（水准仪水平视线的高程）H_i，然后再计算 B 点的高程。即

$$H_i = H_A + a \qquad (3\text{-}3)$$
$$H_B = H_i - b \qquad (3\text{-}4)$$

式（3-2）是直接用高差计算 B 点高程，称为高差法；式（3-4）是利用水准仪的视线高程计算 B 点高程，称为仪器高法。

实际工作中，当两点间高差比较大或路程比较远时，常采用连续水准测量，如图 3-2 所示。

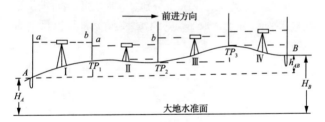

图 3-2 连续水准测量

则 A、B 两点间的高差 h_{AB} 为

$$h_{AB} = \sum h_i = \sum a_i - \sum b_i \qquad (3\text{-}5)$$

式中：h_i——第 i 测站的高差；

$\qquad a_i$——第 i 测站的后视读数；

$\qquad b_i$——第 i 测站的前视读数。

如 A 点高程 H_A 已知，则 B 点的高程 H_B 仍为

$$H_B = H_A + h_{AB} \qquad (3\text{-}6)$$

二、DS₃型水准仪的构造

水准仪全称为大地测量水准仪,按其精度分为 DS₀₅、DS₁、DS₃、DS₁₀ 等几个等级,D、S 分别为"大地测量""水准仪"的汉语拼音第一个字母,下标数值表示仪器的精度,即每公里往返测高差中数的偶然中误差。DS₀₅ 和 DS₁ 属于精密水准仪,主要用于国家一、二等水准测量和精密水准测量;DS₃和 DS₁₀ 属于普通水准仪,主要用于一般的工程建设测量和三、四等水准测量。

图 3-3 为常用的 DS₃ 型微倾式水准仪的外貌。DS₃ 型水准仪主要由望远镜、水准器和基座三部分组成。

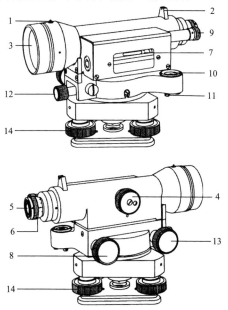

图 3-3 DS₃型微倾水准仪

1—准星;2—缺口;3—物镜;4—物镜调焦螺旋;5—目镜;6—目镜调焦螺旋;

7—管水准器;8—微倾螺旋;9—管水准器气泡观察窗;10—圆水准器;

11—圆水准器校正螺旋;12—水平制动螺旋;13—水平微动螺旋;

14—脚螺旋

1. 望远镜

望远镜是用来提供一条水平视线以照准目标并在水准尺上进行读数的,主要由物镜、目镜、十字丝分划板、物镜调焦螺旋及目镜调焦螺旋组成。望远镜具有一定的放大倍数,一般不低于 28 倍。

物镜和目镜多采用复合透镜组。十字丝分划板上面刻有相互垂直的细线,称为十字丝。如图 3-4 所示,中间横的一条称为中丝(或横丝),与中丝平行的上、下两根短丝,一根叫上丝,一根叫下丝,统称为视距丝,用来测量仪器与目标之间的距离。

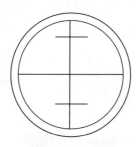

图 3-4 十字丝分划板

十字丝交点与物镜光心的连线称为视准轴,视准轴是水准测量中用来读数的视线。

2. 水准器

水准器是用来衡量视准轴是否水平或仪器竖轴是否铅直的装置。DS₃ 型微倾水准仪的水准器有水准管和圆水准器两种,水准管是用来指示视准轴是否水平,而圆水准器是用来指示竖轴是否竖直。

(1) 水准管:水准管也称管水准器,如图 3-5 所示。水准管圆弧形表面上刻有 2mm 间隔的分划线,分划线的中心 O 点是水准管圆弧的中点,称为水准管的零点。通过零点与圆弧相切的直线 LL_1,称为水准管轴。当气泡中心与零点重合时,称气泡居中,这时水准管轴 LL_1 一定处于水平位置。若气泡不居中,则水准管轴处于倾斜位置。

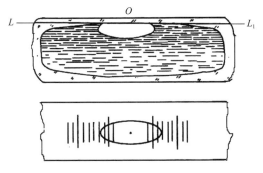

图 3-5　水准管

水准管上 2mm 的弧长所对的圆心角值称为水准管分划值,表明气泡每移动一格时水准管轴所倾斜的角值,一般用 τ 表示。水准管分划值的大小反映了仪器整平精度的高低,分划值越小,灵敏度(整平仪器的精度)就越高。但另一方面,灵敏度越高,则仪器居中越费时。DS₃ 型水准仪的水准管分划值一般为 $20''/2mm$。

为了提高水准管气泡居中的精度,微倾式水准仪设置了符合水准器,是通过一组符合棱镜的作用,将水准管气泡两端的影像折射到望远镜旁的观察窗内,如图 3-6 所示。当气泡两端的半像吻合时,表示气泡居中,若两端影像错开,则表示气泡不居中,可转动微倾螺旋使气泡影像吻合。

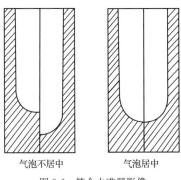

气泡不居中　　　　气泡居中

图 3-6　符合水准器影像

(2) 圆水准器:如图 3-7 所示,圆水准器的球面中央有一个圆圈,其圆心称为圆水准器的零点。零点与球心的连线,称为圆水准器轴。当气泡居中时,圆水准器轴就处于铅直位置。DS₃ 型水准仪圆水准器灵敏度较低,只能用于仪器的粗略整平。

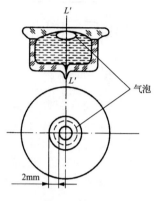

图 3-7 圆水准器

3. 基座

基座是用来支撑仪器的上部并与三脚架连接,主要由轴座、脚螺旋、底板和三角压板组成。

三、水准尺和尺垫

1. 水准尺

水准尺是水准测量时使用的标尺,用优质木材或玻璃钢制成,常用的普通水准尺有两种:塔尺,如图 3-8(a)所示;双面尺,如图 3-8(b)所示。

塔尺的形状呈塔形,由几节套接而成,其全长可达 5m,尺的底部为零刻画,尺面以黑白相间的分划刻画,最小刻画为 1cm 或 0.5cm,米和分米处注有数字,大于 1m 的数字注记加注红点或黑点,点的个数表示米数。塔尺携带方便,但在连接处常会产生误差,一般用于精度较低的普通水准测量中。

双面尺也叫直尺,尺长一般为 3m,尺的双面均以厘米刻画、分米注记。直尺一面为黑白相间,称为黑面尺,尺底端起

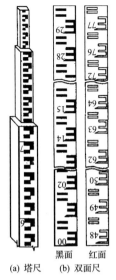

(a) 塔尺　　(b) 双面尺

图 3-8　水准尺

点为零;另一面为红白相间,称为红面尺,尺底端起点是一个常数,一般为 4.687m 或 4.787m。不同尺常数的两根尺子组成一对使用,利用黑、红面尺零点相差的常数可对水准测量读数进行检核。双面尺常用于三、四等及普通水准测量中。

　　2. 尺垫

　　在进行连续水准测量时,转点上一般要使用尺垫,如图 3-9 所示。尺垫用生铁铸成,呈三角形,上面有一个凸起的半圆球,半球的顶点作为转点标志,水准尺立于尺垫的半圆球顶点上。使用时应将尺垫下面的三个脚踏入土中使其稳固。

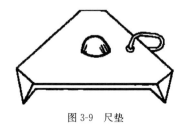

图 3-9　尺垫

第二节 水准仪的使用

一、水准仪的架设

在安置仪器时,首先在测站上松开三脚架架腿的固定螺旋,伸缩三个脚腿使高度适中,再拧紧固定螺旋,打开三角架,使三脚架架头大致水平,并将三脚架的架脚踩入土中。三角架安置好后,从仪器箱中取出仪器,用中心连接螺旋将仪器固定在三脚架上。

二、粗略整平仪器

粗略整平简称粗平,是通过调节仪器脚螺旋使圆水准器气泡居中,以达到水准仪的竖轴处于铅直的目的。脚螺旋转动的影响规律是:顺时针转动某脚螺旋时该脚螺旋所在一端升高,逆时针转动某脚螺旋时该脚螺旋所在一端降低,而圆水准器气泡的移动方向始终与左手大拇指转动的方向一致。如图 3-10(a)所示,首先用双手按箭头所指的方向转动脚螺旋 1、2,使气泡移动到这两个脚螺旋连线方向的中间位置;如图 3-10(b)所示,用左手转动脚螺旋 3,使气泡居中,如图 3-10(c)所示。按上述方法反复调整脚螺旋,能使圆水准器气泡完全居中。

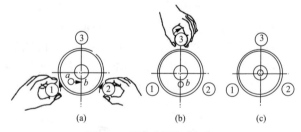

图 3-10 圆水准器整平方法

三、照准目标

照准目标分为粗瞄和精瞄,具体的操作方法是:

(1) 粗瞄。转动望远镜制动螺旋,用望远镜镜筒外的缺口和准星粗略地瞄准水准尺,固定制动螺旋。

（2）看清目标。转动目镜对光螺旋，使十字丝分划板清晰；转动物镜对光螺旋，使尺子的成像清晰。

（3）精瞄。转动水平微动螺旋，使十字丝纵丝对准水准尺的中间。

（4）消除视差。如果调焦不到位，会产生视差，即当观测者的眼睛在靠近目镜端上下微微移动时，会发现十字丝与目标影像间产生相对移动的现象。视差的存在将影响观测结果的准确性，应予消除。消除视差的方法是仔细反复进行目镜和物镜调焦，直到无论眼睛在哪个位置观察，尺像和十字丝均位于清晰状态，十字丝横丝所照准的读数始终不变。

四、精确整平

精确整平简称精平，是通过调节微倾螺旋使符合水准器气泡居中，即让目镜左边观察窗内的符合水准器的气泡两个半边影像完全吻合，这时望远镜的视准轴完全处于水平位置。每次在水准尺上读数之前都应进行精平。由于气泡移动有惯性，所以转动微倾螺旋的速度不能太快，只有符合气泡两端影像完全吻合而又稳定不动后，气泡才居中。

对于自动安平水准仪而言，由于仪器没有长水准管，因此须通过使用其补偿装置来达到使水准仪视线处于水平的目的。

五、读数

符合水准器气泡居中后，即可读取十字丝中丝在水准尺上进行读数。读数时，要依次读出米、厘米、分米、毫米四位数，其中毫米位是估读的。如图 3-11 所示为倒像读数，

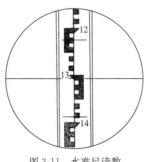

图 3-11　水准尺读数

对应的中丝读数为 1.306m,如果以毫米为单位读记为 1306mm。

需要注意的是:在同一测站,当望远镜瞄准前尺时,必须重新转动微倾螺旋使水准管气泡符合后才能对水准尺进行读数。

第三节　水准测量的方法

一、水准点

水准点,是指水准测量中固定的高程标志点,常用 BM 表示。水准点有永久性和临时性两种,永久性水准点一般用石料或钢筋混凝土制成,深埋在地面冻土线以下,顶面设有不锈钢或其他不易腐蚀材料制成的半球形标志,如图 3-12(a)所示。有些水准点也可设置在稳定的墙脚上,称为墙上水准点,如图 3-12(b)所示。临时性的水准点可用地面上突出的坚硬岩石做记号,对于松软的地面也可打入木桩并在桩顶钉一个小铁钉来表示,对于坚硬的地面也可以直接用油漆画出标记。

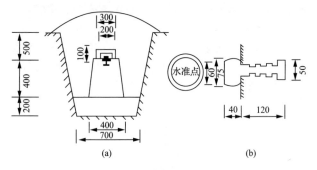

图 3-12　水准点

水准点埋设后,应绘出水准点与附近地物关系图,在图上并写明水准点的编号和高程,称为点之记,以便于日后寻找水准点位置时使用。

二、水准路线

水准路线,是指水准测量所经过的路线。通常,单一水准路线有三种形式,如图 3-13 所示。

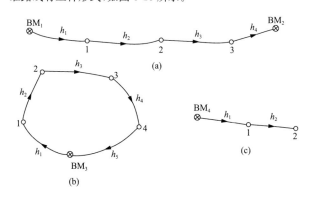

图 3-13　水准路线

1. 附合水准路线

如图 3-13(a)所示,从一个已知水准点出发,经过各待测水准点进行水准测量,最后到另一个已知的水准点上结束的水准路线,称为附合水准路线。附合水准路线常用于带状区域。

2. 闭合水准路线

如图 3-13(b)所示,从一个已知的水准点出发,经过各待测水准点进行水准测量,最后又回到原来开始的已知水准点上,构成的环形水准路线称为闭合水准路线。闭合水准路线常用于方形区域。

3. 支水准路线

如图 3-13(c)所示,从一个已知的水准点出发,经过各待测水准点进行水准测量,其路线既不闭合回原来已知水准点,也不附合到另一个已知水准点的路线,称为支水准路线。

由于支水准路线形式缺乏一定的检核条件,为了提高观测精度和增加检核条件,因此支水准路线必须进行往、返测量。

三、普通水准测量

图 3-14 为普通水准测量示意图,设 A 点为已知水准点,其高程为 36.524m,B 点为待定水准点。

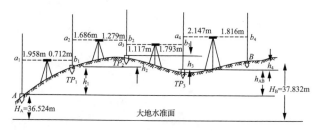

图 3-14 水准测量示意图

具体观测方法如下:

(1) 在已知点 A 上竖立后尺,选择一个适当的地点安置仪器,再选择一个合适的点 TP_1 放置尺垫并踏实尺垫(TP 点称为转点,主要作用是传递高程),将前尺竖立在尺垫上(值得注意的是,转点上一定要放置尺垫)。

(2) 粗平仪器后,瞄准 A 点的后尺,再精平水准仪,读取后视读数 a_1,记录于表中;转动望远镜瞄准 TP_1 点的前尺,精平水准仪,读取前视读数 b_1,记录于表中。可按照高差的计算公式,计算出第一测站的高差。

(3) 第一站的转点 TP_1 不动,作为第二站的后尺;仪器及第一站的后尺搬往下一站,选一个适当的地方安置仪器,选择 TP_2 作为第二站的前尺点,按照前面的施测方法测量第二站的高差。重复上述过程,一直观测到待定点 B 结束。

(4) 记录者应在现场完成每页记录手簿的计算和校核。

表 3-1 为普通水准测量的记录表。

四、四等水准测量

在地形测图和施工测量中,常采用四等水准测量进行首级高程控制。

1. 四等水准测量的技术要求

四等水准测量的主要技术要求见表 3-2。

表 3-1　　　　　　　　　**普通水准测量记录表**

测站	测点	后视读数/m	前视读数/m	高差/m +	高差/m −	高程/m	备注
1	A	1.958	0.712	1.246		36.524	(已知)
2	1	1.686	1.279	0.407			
3	2	1.117	1.793		0.676		
4	3 B	2.147	1.816	0.331		37.832	
Σ		6.908	5.600	1.984	0.676		
计算检核							

计算检核:

$$\Sigma 后 - \Sigma 前 = 6.908 - 5.600 = 1.308\text{m}$$
$$H_B - H_A = 37.832 - 36.524 = 1.308\text{m}$$
$$\Sigma h = 1.984 - 0.676 = 1.308\text{m}$$

表 3-2　　　　　　　　**四等水准测量的主要技术要求**

等级	视距/m	高差闭合差限差/mm 平地	高差闭合差限差/mm 山区	视线高度	前、后视距差/m	前后视距累积差/m	黑红面读数差/mm	黑红面所测高差之差/mm
四等	≤100	$\pm20\sqrt{L}$	$\pm6\sqrt{n}$	三丝能读数	≤3.0	≤10.0	≤3.0	≤5.0

注: 1. L 为路线长度,以 km 计;

2. n 为路线测站数。

2. 四等水准测量的施测方法

四等水准测量的观测一般采用双面水准尺进行,在水准仪安置、粗平后,具体观测程序如下:

(1)照准后尺黑面,读取下丝(1)、上丝(2)、中丝(3),并进行记录;

(2)照准后尺红面,读取中丝(4),并进行记录;

(3)照准前尺黑面,读取下丝(5)、上丝(6)、中丝(7),并进行记录;

(4)照准前尺红面,读取中丝(8),并进行记录。

以上四等水准测量的观测程序可简称为"后—后—前—前"或"黑—红—黑—红"。需要注意的是，对于微倾式水准仪，在读取中丝读数前，应使水准仪水准管气泡处于居中位置。

四等水准测量外业观测数据记录，如表3-3所示。

表 3-3 四等水准测量记录表

测站编号	后尺 下丝 上丝	前尺 下丝 上丝	方向及尺号	标尺读数		$K+$黑减红/mm	高差中数/mm	备注
	后视距	前视距		黑面/mm	红面/mm			
	视距差 d/m	累计差 $\sum d$/m						
	(1)	(5)	后 K_1	(3)	(4)	(13)		$K_1=4.687$
	(2)	(6)	前 K_2	(7)	(8)	(14)	(18)	$K_2=4.787$
	(9)	(10)	后一前	(15)	(16)	(17)		
	(11)	(12)						
1	1738	2195	后 K_1	1153	5842	-2		
	1367	1819	前 K_2	2008	6795	0	-854.0	
	37.1	37.6	后一前	-855	-953	-2		
	-0.5	-0.5						
2	2071	1982	后 K_2	1848	6636	-1		
	1625	1537	前 K_1	1760	6446	$+1$	$+89.0$	
	44.6	44.5	后一前	$+88$	$+190$	-2		
	$+0.1$	-0.4						
3	1861	2112	后 K_1	1698	6383	$+2$		
	1534	1787	前 K_2	1949	6734	$+2$	-251.0	
	32.7	32.5	后一前	-251	-351	0		
	$+0.2$	-0.2						
4	1647	1985	后 K_2	1466	6253	0		
	1283	1624	前 K_1	1804	6490	$+1$	-337.5	
	36.4	36.1	后一前	-338	-237	-1		
	$+0.3$	$+0.1$						

测站编号	后尺 下丝 上丝	前尺 下丝 上丝	方向及尺号	标尺读数		$K+$黑减红 /mm	高差中数 /mm	备注
	后视距	前视距		黑面 /mm	红面 /mm			
	视距差 d/m	累计差 $\sum d$/m						
辅助计算	$\sum(9)=150.8$	$\sum(3)=6165$	$\sum(4)=25114$	$\sum(15)=-1356$				
	$\sum(10)=150.7$	$\sum(7)=7521$	$\sum(8)=26465$	$\sum(16)=-1351$				
	$\sum(9)-\sum(10)$	$[\sum(3)+\sum(4)]-[\sum(7)+\sum(8)]=-2707$						
	$=+0.1$	$\sum(15)+\sum(16)=-2707$						
	末站$(12)=+0.1$	$\sum(18)=-1353.5$						
	总视距$\sum(9)+\sum(10)=301.5$	$2\sum(18)=-2707$						

3. 测站的计算与校核

(1) 视距部分计算:视距部分的计算主要包括下列项目:

后视距离 $(9)=[(1)-(2)]\times 100$,前视距离 $(10)=[(5)-(6)]\times 100$;

前、后视距差值 $(11)=(9)-(10)$,前、后视距累积差 $(12)=$ 本站$(11)+$前站(12);

(2) 高差部分计算:高差部分的计算主要包括下列项目:

后尺黑、红面读数差 $(13)=K_1+(3)-(4)$,前尺黑、红面读数差 $(14)=K_2+(7)-(8)$;

K_1、K_2 分别为后、前两根水准尺黑、红面的零点差,也称尺常数,一般为 4.687m、4.787m。

黑面高差$(15)=(3)-(7)$,红面高差$(16)=(4)-(8)$;

黑、红面高差之差$(17)=(15)-[(16)\pm 0.1]=(13)-(14)$;

式中$(16)\pm 0.1$为两根水准尺零点差(单位为 m)间的差值 0.1m。当红面高差比黑面高差小,则应加上 0.1m;反之,则应减去 0.1m。

高差中数$(18)=\dfrac{1}{2}\{(15)+[(16)\pm 0.1]\}$;

(3) 检核计算:检核计算主要包括以下内容:

1) 每站检核：(17)＝(13)－(14)＝(15)－[(16)±0.1]；至此，一个测站测量工作全部完成，确认各项计算符合要求后，方可迁站。

2) 每页观测成果检核：除了检查每站的观测计算外，还应在手簿的下方，计算测段路线或整个路线的"∑项"检查，并使之满足下列要求：

后视红、黑面中丝总和减去前视红、黑面中丝总和应等于红、黑面高差总和，还应等于平均高差总和的两倍。即

当测站数为偶数时，

$$\sum[(3)+(4)]-\sum[(7)+(8)]$$
$$=\sum[(15)+(16)]=2\sum(18)$$

当测站数为奇数时，

$$\sum[(3)+(4)]-\sum[(7)+(8)]$$
$$=\sum[(15)+(16)]=2\sum(18)\pm0.1$$

后视距总和减去前视距总和应等于末站视距差累积值，即

$$\sum(9)-\sum(10)=末站(12)$$

而总视距应为

水准路线总长度 $L=\sum(9)+\sum(10)$

五、水准测量的成果计算

在完成水准路线观测后，应计算高差闭合差。若高差闭合差符合要求，则调整闭合差并计算各待定点高程。

1. 水准路线高差闭合差的计算

根据不同的水准路线形式，计算其高差闭合差。

(1) 附合水准路线的高差闭合差计算：高差闭合差 f_h 的计算式为

$$f_h=\sum h_测-(H_终-H_始) \tag{3-7}$$

式中：$h_测$——各测段路线测量高差；

$H_终$——路线终止点已知高程；

$H_始$——路线起始点已知高程。

（2）闭合水准路线的高差闭合差计算：高差闭合差 f_h 的计算式为

$$f_h = \sum h_{测} - \sum h_{理} = \sum h_{测} - 0 = \sum h_{测} \qquad (3\text{-}8)$$

（3）支水准路线的高差闭合差计算：高差闭合差 f_h 的计算式为

$$f_h = \sum h_{测} = \sum h_{往} + \sum h_{返} \qquad (3\text{-}9)$$

将计算的高差闭合差 f_h 与水准测量路线高差闭合差的 $f_{h允}$ 进行比较，而 $f_{h允}$ 根据水准测量等级不同采用相应的规定，如表 3-4 所示。

表 3-4　　　　水准测量高差闭合差限差规定参考

等级	允许闭合差/mm	一般应用范围举例
三等	$f_{h允} = \pm 12\sqrt{L}$ $f_{h允} = \pm 4\sqrt{n}$	有特殊要求的较大型工程、城市地面沉降观测等
四等	$f_{h允} = \pm 20\sqrt{L}$ $f_{h允} = \pm 6\sqrt{n}$	综合规划路线、普通建筑工程、河道工程等
等外 （图根）	$f_{h允} = \pm 40\sqrt{L}$ $f_{h允} = \pm 12\sqrt{n}$	水利工程、山区线路工程、排水沟疏浚工程、小型农田等

如果 $|f_h| > |f_{h允}|$ 时，则说明外业测量数据不符合要求，需要进行必要的重测。

如果 $|f_h| \leqslant |f_{h允}|$ 时，可以进行内业成果的计算。

2. 高差闭合差调整值的计算

当高差闭合差在允许范围之内时，可进行高差闭合差的调整。高差闭合差调整的原则是将高差闭合差反号后，按每测段的测站数或路线长度成正比例分配到各测段观测高差上。

设第 i 测段高差改正数（也称调整值）为 v_i，则

$$v_i = -\frac{f_h}{\sum n} n_i \qquad (3\text{-}10)$$

式中：$\sum n$ ——整个路线的测站总数；

n_i —— i 测段总测站数。

或

$$v_i = -\frac{f_h}{\sum L} L_i \qquad (3\text{-}11)$$

式中：$\sum L$ ——水准路线总长度；

L_i ——第 i 测段路线总长。

高差改正数的总和应与高差闭合差大小相等，符号相反。即有检核式

$$\sum v = -f_h \qquad (3\text{-}12)$$

对于支水准路线，取往测和返测高差的平均值作为两点间的高差，符号与往测高差符号相同。

3. 改正后高差的计算

将各测段高差观测值加上相应的高差改正数，可求出各测段改正后的高差。即

$$h'_i = h_i + v_i \qquad (3\text{-}13)$$

式中：h'_i ——第 i 测段改正后的高差；

h_i ——第 i 测段观测高差；

v_i ——第 i 测段观测高差的改正数。

4. 待定点高程的计算

由起始点的已知高程 $H_{始}$ 开始，逐个加上相应测段改正后的高差 h'_i，即得下一点的高程 $H_{(i+1)}$。即

$$H_{(i+1)} = H_i + h'_i \qquad (3\text{-}14)$$

【例 3-1】 某闭合水准路线的观测成果如图 3-15 所示，试按四等水准测量的精度要求计算待定点 A、B、C 的高程（$H_{BM1} = 31.753\text{m}$）。

解：(1)计算高差闭合差 f_h 及其允许值 $f_{h允}$

$$f_h = \sum h_{测} = +0.026\text{m} = +26(\text{mm})$$

$$f_{h允} = \pm 6\sqrt{n} = \pm 6\sqrt{22} = \pm 28.1(\text{mm})$$

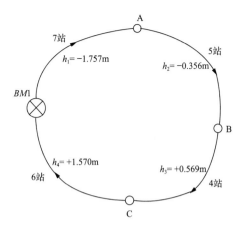

图 3-15　闭合水准路线

因为 $|f_h| < |f_{h允}|$，可以进行高差闭合差的调整。

(2)计算各测段高差改正数 v_i

$$v_1 = -\frac{f_h}{\sum n} n_1 = \frac{-0.026}{22} \times 7 = -0.008 \text{(m)}$$

$$v_2 = -\frac{f_h}{\sum n} n_2 = \frac{-0.026}{22} \times 5 = -0.006 \text{(m)}$$

$$v_3 = -\frac{f_h}{\sum n} n_3 = \frac{-0.026}{22} \times 4 = -0.005 \text{(m)}$$

$$v_4 = -\frac{f_h}{\sum n} n_4 = \frac{-0.026}{22} \times 6 = -0.007 \text{(m)}$$

改正数计算校核：$\sum v = -26\text{mm} = -f_h$，说明计算正确。

(3)计算改正后的高差 h_i'

$$h_1' = h_1 + v_1 = -1.757 - 0.008 = -1.765 \text{(m)}$$
$$h_2' = h_2 + v_2 = -0.356 - 0.006 = -0.362 \text{(m)}$$
$$h_3' = h_3 + v_3 = +0.569 - 0.005 = +0.564 \text{(m)}$$
$$h_4' = h_4 + v_4 = +1.570 - 0.007 = +1.563 \text{(m)}$$

改正后高差计算校核：$\sum h' = 0 = \sum h_{理}$，说明计算正确。

(4)计算待定点高程

$$H_A = H_{BM1} + h'_1 = 31.753 - 1.765 = 29.988(\text{m})$$
$$H_B = H_A + h'_2 = 29.988 - 0.362 = 29.626(\text{m})$$
$$H_C = H_B + h'_3 = 29.626 + 0.564 = 30.190(\text{m})$$

检核计算：$H_{BM1} = H_C + h'_4 = 30.190 + 1.563 = 31.753(\text{m})$，说明计算正确。

计算结果列于表 3-5 中。

表 3-5 闭合水准路线的成果计算表

点名	测站数	实测高差/m	高差改正数/m	改正后高差/m	高程/m	备注
$BM1$	7	-1.757	-0.008	-1.765	31.753	（已知）
A					29.988	
B	5	-0.356	-0.006	-0.362	29.626	
C	4	$+0.569$	-0.005	$+0.564$	30.190	
$BM1$	6	$+1.570$	-0.007	$+1.563$	31.753	（已知）
Σ	22	$+0.026$	-0.026	0		
辅助计算		$f_h = \Sigma h_{测} = +0.026\text{m} = +26(\text{mm})$ $f_{h容} = \pm 6\sqrt{n} = \pm 6\sqrt{22} = \pm 28.1(\text{mm})$				

【例 3-2】 某附合水准路线观测成果如图 3-16 所示，试按四等水准测量的精度要求计算待定点 1、2、3 点的高程（$H_{BM1} = 48.000\text{m}$，$H_{BM2} = 45.869\text{m}$）。

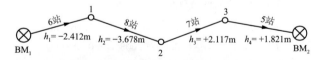

图 3-16 附合水准路线

解：分步计算略，计算结果见表 3-6。

表 3-6　　　　　　　　附合水准路线的成果计算表

点名	测站数	实测高差/m	高差改正数/m	改正后高差/m	高程/m	备注
BM1					48.000	(已知)
	6	−2.412	+0.005	−2.407		
1					45.593	
	8	−3.678	+0.006	−3.672		
2					41.921	
	7	+2.117	+0.006	+2.123		
3					44.044	
	5	+1.821	+0.004	+1.825		
BM2					45.869	(已知)
Σ	26	−2.152	+0.021	−2.131		
辅助计算	$f_h = \sum h_{测} - (H_{BM2} - H_{BM1}) = -0.021\mathrm{m} = -21(\mathrm{mm})$ $f_{h允} = \pm 6\sqrt{n} = \pm 6\sqrt{26} = \pm 30.6(\mathrm{mm})$					

六、水准测量的误差分析

水准测量的误差来源主要有三个方面,即仪器误差、观测误差和外界条件影响。研究误差的主要目的是为了找出消除或减少误差的方法,以提高水准测量精度。

1. 仪器误差

(1) 水准仪误差:一方面是仪器制造误差,即仪器在制造过程中所存在的缺陷,这在仪器校正中是无法消除的;另一方面,是仪器检验和校正不完善所存在的残余误差。在这些误差中,影响最大的是视准轴不平行于水准管轴的误差,此项误差与仪器至立尺点距离成正比。在测量中,应尽可能使前、后视距离相等,这在高差计算中就可消除或减弱该项误差的影响。

(2) 水准尺误差:主要包括水准尺分划不准确和零点误差等。由于使用磨损等原因,水准标尺的底面与其分划零点不完全一致,其差值称为零点差。标尺零点差的影响对于测站数为偶数的水准路线是可以自行抵消的;但对于测站数为奇数的水准路线,高差中含有这种误差的影响。所以,在水准测量中,在一个测段内应使测站数为偶数。不同精度等级的水准测量对水准尺有不同的要求,精密水准测量要用经过检定的水准尺,一般不用塔尺。

2. 观测误差

(1) 水准气泡居中误差:是指水准管气泡没有严格居中而引起的误差。水准管气泡居中误差一般为±0.15τ(τ为水准管的分划值),若采用符合水准器时,气泡居中精度可提高一倍。

(2) 读数误差:观测者在水准尺上估读毫米数的误差,与人眼分辨能力、望远镜放大率以及视线长度有关。为保证读数精度,各等级水准测量对仪器望远镜的放大率和最大视线长度都有相应规定。

(3) 水准尺倾斜:水准测量时,若水准尺倾斜,在水准尺上的实际读数总比水准尺垂直时正确的读数要大。当尺子倾斜2°时,会造成大约1mm的误差。为了减少标尺竖立不直产生的读数误差,可使用装有圆水准器的水准标尺,并注意在测量中要认真扶尺。

3. 外界条件影响

(1) 仪器和尺子的下沉误差:这两项误差主要是由于地面松软,加上仪器、尺子和尺垫的重量,使仪器和尺子产生下沉,造成测量的结果和实际不符。因此,仪器必须安置在土质坚固的地面上,将脚架踩实,以提高观测精度。

(2) 地球曲率和大气折光的影响:由于光线的折射作用,使视线不成一条直线。靠近地面的温度较高,空气密度较稀,因此视线离地面越近,折射就越大,并使尺子上的读数改变,所以规范上规定视线必须高出地面一定的高度。水平视线在水准尺上的读数理论上应为在相应水准面上的读数,两者之差就是地球曲率的影响,在一般比较稳定的情况下,大气折光的影响为地球曲率的影响的1/7,且符号相反。

如果使前后视距相等,地球曲率和大气折光的影响将得以消除或大大减弱。

由于误差是不可避免的,因此无法完全消除误差的影响,但可以采取一定的措施减小误差的影响,提高测量结果的精度。水准测量时测量人员应认真执行水准测量规范,同时应避免测量人员疏忽大意造成的错误。

经验之谈

水准测量要点

★掌握测量原理：水准测量是利用水准仪所提供的水平视线，测定地面上两点间的高差，根据已知点高程求出未知点高程；

★通过练习熟练掌握水准仪的架设及其水准测量步骤；

★掌握水准测量读数，计算，校核，误差分析的方法。

第四章

角 度 测 量

第一节 角度测量原理

角度测量是测量基本工作之一,主要包括水平角测量和竖直角测量。在测量工作中,水平角和竖直角是用仪器中不同的度盘进行观测的。

一、水平角测量原理

水平角是指空间两条相交直线在水平面上投影的夹角。一般用 β 表示。如图 4-1 中,$\angle BAC$ 为空间直线 AB 与 AC 之间的夹角,测量中所要观测的水平角是 $\angle BAC$ 在水平面上的投影,即 $\angle bac$。

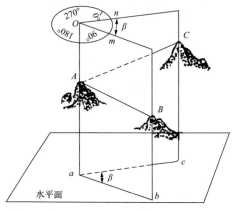

图 4-1　水平角测角原理

由图 4-1 可以看出,地面上 A、B、C 三点在水平面上的投影 a、b、c 是通过作它们的铅垂线得到的。因此,$\angle bac$ 就是通过

AB、AC 的两竖直面所形成的二面角。此二面角可在两竖直面的交线 Oa 上任意一点进行量测。设想在竖线 Oa 上的 O 点放置一个按顺时针注记的全圆量角器(称为度盘),并使其水平。通过 AC 的竖面与度盘的交线读数为 n,通过 AB 的竖面与度盘的交线得另一读数为 m,则 m 减 n 的结果就是水平角 β,即

$$\beta = m - n \qquad (4-1)$$

这里需要注意的是,β 的变化范围为 $0° \sim 360°$,当用式(4-1)计算的结果为负值时则应人为地将负值加上 $360°$ 进行处理。

二、竖直角测量原理

竖直角是指在同一竖直面内目标视线方向与水平面的夹角。竖直角也称垂直角,通常用 α 表示。竖直角的变化范围为 $-90° \sim 90°$,当目标视线位于水平方向上方时,竖直角为正值,称为仰角;当目标视线位于水平方向下方时,竖直角为负值,称为俯角。

如图 4-2 所示,测站点 A 至目标点 P 的方向线 AP 与其在水平面的投影 ap 间(或与 AP' 间)的夹角,即为 AP 方向的竖直角。竖直角也是两个方向度盘读数的差值,而且其中有一个方向是水平方向。为了测定这个竖直角,可以在 A 点上放置竖直度盘,假设目标视线方向在竖直度盘上的读数为 a,当确定竖直度盘刻画方式及水平方向的竖盘读数后,即可计算竖直角。

除了前面介绍的竖直角外,测量工作中也有经常测量天

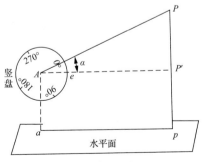

图 4-2　竖直角测角原理

顶距的问题。天顶距是指在同一竖直面内目标方向线与天顶方向(即测站点铅垂线的反方向)的夹角,一般用符号 Z 表示,其角值变化范围为 $0°\sim180°$,并且有

$$Z = 90° - \alpha \qquad (4\text{-}2)$$

式中:α——对应目标的竖直角。

经纬仪就是用来测量水平角和竖直角的主要仪器。

第二节　角度测量的仪器

经纬仪主要分为光学经纬仪、电子经纬仪和全站仪等。当前,常用的国产经纬仪按其精度分为 DJ_{07}、DJ_1、DJ_2、DJ_6 等几个等级。"D""J"分别为"大地测量""经纬仪"汉语拼音的第一个字母,下标 07、1、2、6 等数据表示该仪器测角精度指标,即测回水平方向观测值中误差。其中 DJ_{07}、DJ_1、DJ_2 属于精密经纬仪,DJ_6 属于普通经纬仪。

一、DJ_6 光学经纬仪的基本结构及读数方法

1. DJ_6 光学经纬仪的基本结构

光学经纬仪由照准部、水平度盘和基座三部分组成。北京光学仪器厂生产的 DJ_6 型光学经纬仪,其外形和各部件的名称如图 4-3 所示。

(1)照准部部分:照准部位于仪器基座的上方,能够绕竖轴转动。照准部由望远镜、横轴、竖直度盘、光学读数设备、水准器与竖轴等部件组成。

1)望远镜:用来照准目标,它固定在横轴上,绕横轴而俯仰,可以利用望远镜制动螺旋和微动螺旋控制其俯仰转动。

2)横轴:是望远镜俯仰转动的旋转轴,由左右支架所支承。

3)竖直度盘:用光学玻璃制成,用来测量竖直角。

4)光学读数设备:用来读取水平度盘和竖直度盘的读数。

5)水准器:包括圆水准器和管水准器,用来置平仪器,使水平度盘处于水平位置。

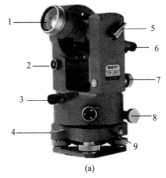

(a)

1—望远镜;2—补偿器转换钮;3—光学对点器;4—圆水准器;5—垂直制动;
6—读数目镜;7—垂直微动;8—水平微动;9—水平度盘转换轮

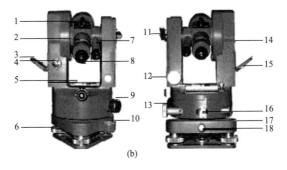

(b)

1—粗瞄准;2—望远镜调焦环;3—照明反光镜;4—护盖;5—照准部水准器;
6—基座脚螺旋;7—读数显示微目镜;8—望远镜目镜;9—配置度盘;10—圆
水准器;11—望远镜制动手柄;12—望远镜微动螺旋;13—水平微动螺旋;
14—左侧护盖;15—照明窗;16—水平制动手柄;17—底座;18—底座制紧螺丝

图 4-3 DJ₆ 光学经纬仪外形示意图

6) 竖轴:竖直通过水平度盘的中心,是照准部在水平方向转动时的旋转轴。

(2) 水平度盘部分:它是用光学玻璃制成的圆环。在度盘上按顺时针方向刻有 0° 到 360° 的分划,用来量测水平角。在度盘的外壳附有照准部制动螺旋和微动螺旋,用来控制照准部与水平度盘的相对运动。当拧紧制动螺旋时,如转动微动螺旋,则照准部相对于水平度盘作微小的转动;若松开制动螺旋,则照准部可相对于水平度盘作大范围的转动。

(3)基座部分:基座是用来支承整个仪器的底座,用中心螺旋与三角架相连接。基座上有三个脚螺旋,转动脚螺旋,可以使照准部水准管气泡居中,从而使水平度盘处于水平位置,即仪器的竖轴处于铅垂状态。

2.DJ₆型光学经纬仪的读数方法

光学经纬仪的读数设备包括度盘、光路系统和测微装置。水平度盘和竖直度盘上的分划线,是通过一系列棱镜和透镜成像显示在望远镜旁边的读数窗内。DJ₆光学经纬仪的测微装置分为分微尺测微器和单平行玻璃测器两种,其中以前者居多。这里只介绍分微尺测微器读数方法。

如图 4-4 所示,分微尺测微器读数窗上窗是水平度盘的读数,标有"水平"或"H""—",下窗是竖直度盘的读数,标有"竖直"或"V""⊥"。分微尺是一个固定不动的分划尺,将一度弧长均匀地分成 60 格,每格代表 1 分。每 10 格标有注记:0,1,2,3,…,6。读数时,可估读到 0.1 分即 6 秒。

读数时,首先读取分微尺内的度分划作为度数,再以该度盘分划线读取分微尺上的分数,最后估读秒数,以上读数之和即为度盘整个读数。如图 4-4 所示,水平度盘(注有 H 的读数窗)读数应为 $245°54.2'$(即 $245°54'12''$),竖直度盘(注有 V 的读数窗)读数应为 $87°06.6'$(即 $87°06'36''$)。

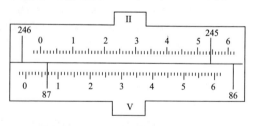

图 4-4　分微尺测微器读数窗

二、电子经纬仪简介

电子经纬仪的主要结构与普通经纬仪大致相同(图 4-5 为苏-光电子经纬仪),不同的是使用了光电度盘,角度数据直接显示在液晶面板上,读数比光学经纬仪更直观、简单。

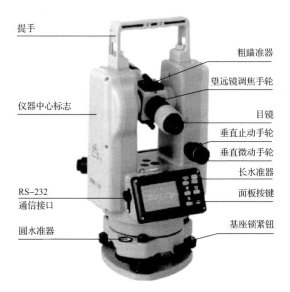

图 4-5　苏-光电子经纬仪 DT302L

1. 电子经纬仪界面

由于生产厂家的不同,电子经纬仪的型号、读数装置及使用方法不尽相同。下面主要以苏-光电子经纬仪 DT302L为例说明电子经纬仪的键盘操作方法。

如图 4-6 所示,苏-光电子经纬仪液晶显示板界面上的每个键基本具有双重功能,一般情况下执行键上方所标的第一

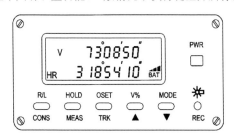

图 4-6　液晶显示板界面

（测角）功能，当按下 MODE 键后再按其余各键则执行按键下方所标示的第二功能，有一些键的第二功能（如测距）是无效的。

界面上一些英文符号的意义如下，有些仪器已经汉化。

R/L 键
CONS

R/L 显示右旋/左旋水平角选择键。连续按此键，两种角值交替显示。

CONS 为专项特种功能模式键。

HOLD 键
MEAS
（◄）

HOLD 水平角锁定键。按此键两次，水平角锁定；再按一次解除。

MEAS 为测距键，按此键连续精确测距（无效）。

（◄）在特种功能模式中，按此键，显示屏中的光标左移动。

OSET 键
TRK
（►）

OSET 水平角置零键，按此键两次，水平角置零。

TRK 跟踪测距键（无效）。

（►）在特种功能模式中按此键，显示屏中的光标右移动。

V% 键
▲

V% 竖直角和斜率百分比显示键。连续按键交替显示。

▲增量键在特种功能模式中按此键，显示屏中的光标可以上下移动或数字向上增加。

MODE 键
▼

MODE 测角、测距模式转换键。连续按键，仪器交替进入一种模式，分别执行键上或下标示的功能。

▼ 减量键。在特种功能模式中按此键，显示屏中的光标可以上下移动或数字向下减少。

☀ 键
REC

☀ 望远镜十字丝和显示光屏照明键。按键一次打开灯照明；再按则关（若不按键，10s 后自动熄灭）。

PWR 键
□

PWR 电源开关键。按键开机；按键大于 2s 则关机。

2. 信息显示符号

如图 4-7 所示，液晶显示屏采用线条式液晶显示，中间两行各 8 个数位显示角度或距离等观测数据或提示字符串，左右两侧所显示的符号或字母表示数据的内容或采用的单位名称。

图 4-7　经纬仪液晶显示屏

液晶面板中各符号显示的意义见表 4-1。

表 4-1　　　　　显示符号及功能显示

显示	内容	显示	内容
V	竖直角	G	角度显示单位　　GON
HR	右水平角	R/L	水平角测量方式（左、右角）
HL	左水平角	HOLD	保持水平角读数
Ht	复测法测角	OSET	水平角设置为零
8AVG	复测次数/平均角值	POWER	电源开关
TITL	倾斜改正模式	FUNC	按键上方注记功能选择
F	功能键选择方式	REP	重复角度测量
%	百分比		

三、全站仪简介

全站仪是一种集光、机、电为一体的高技术测量仪器，将测角装置、测距装置和微处理器集成一体。这种仪器能够进行角度测量、距离测量、高差测量,并通过电子手簿或直接实现自动记录、存储和输出的测量仪器,又叫全站型电子速测仪。

全站仪分为分体式和整体式两类。分体式全站仪的照准头和电子经纬仪不是一个整体,进行作业时将照准头安装在电子经纬仪上,作业结束后卸下来分开装箱,这种仪器目前基本退出了市场,在生产中少见。整体式全站仪是分体式全站仪的进一步发展,照准头和电子经纬仪的望远镜结合在一起,形成一个整体,使用起来更为方便。全站仪主要由控制系统、测角系统、测距系统、记录系统和通信系统五个系统组成。

1. 全站仪的构造

全站仪主要由电子经纬仪、光电测距仪、微处理器等部分构成。以拓普康 GTS-335N 全站仪为例,其部件组成如图 4-8 所示。

图 4-8 拓普康 GTS-335N 全站仪外形及部件名称

1—手柄;2—物镜;3—粗瞄镜;4—竖直制动微动螺旋;5—键盘;6—光学对中器;
7—基座;8—脚螺旋;9—显示屏;10—度盘;11—目镜;12—电池;13—水平制动
微动螺旋;14—圆水准器;15—计算机连接口;16—管水准器;17—调焦手轮

(1)电子经纬仪:全站仪与光学经纬仪的区别在于度盘

读数及显示系统,全站仪的水平度盘和竖直度盘及其读数装置是分别采用两个相同的光栅度盘(或编码盘)和读数传感器进行角度测量。

(2)光电测距仪:主要是完成测站点至目标点之间的斜距或平距测量任务。常用的全站仪所配备的测距仪主要有脉冲式测距仪和相位式测距仪两种。

(3)微处理器:主要由中央处理器、随机存储器和只读存储器等构成,是全站仪的核心装置。微处理器可用来根据键盘或程序的指令控制各分系统的测量工作,进行必要的逻辑和数值运算以及数据存储、处理、管理、传输和显示等。

2. 全站仪的常用功能

全站仪的功能包括角度测量、距离测量、坐标测量和程序(MEUN)功能四大部分,在程序功能中包含放样、后方交会、对边测量、悬高测量、面积测算等一些特殊的应用。这里主要介绍全站仪的角度、距离、坐标测量等常用功能。

(1)角度测量:主要是使用全站仪的电子经纬仪部分,其原理和电子经纬仪角度测量一样,其操作步骤也大致和光学经纬仪相同,即安置仪器、对中整平、精确照准目标,进行角度观测。

(2)距离测量:使用全站仪"距离测量"功能,可以测出测站点至观测目标的斜距和平距。

(3)坐标测量:使用全站仪可以在测站直接测得目标点坐标,主要是通过观测者使用全站仪观测的角度(水平角、竖直角)和距离,按坐标正算原理得到目标点坐标。当然,进行坐标测量前,需要进行设站点坐标的输入(即建站)和后视定向设置。

四、角度测量仪器的使用

经纬仪的使用包括仪器安装、瞄准和读数三项工作。电子经纬仪、全站仪的使用也一样,这里以光学经纬仪为例进行说明。

1. 经纬仪的安置

经纬仪的安置程序:打开三脚架腿螺旋,调整好脚架高度使其适合于观测者,将其安置在测站上,使架头大致水平。从仪器箱中取出经纬仪安置在三脚架头上,并旋紧连接螺旋,即可进行安置工作。安置工作包括对中和整平两个步骤。

(1) 对中:其目的是使仪器的中心(竖轴)与测站点(角的顶点)位于同一铅垂线上。对中方法主要有两种:垂球对中和光学对中。

使用垂球进行对中时,将垂球挂在连接螺旋下面的铁钩上,调整垂球线的长度,使垂球尖接近地面点位。如果垂球中心偏离测站点较远,可以通过平移三脚架使垂球大致对准点位;如果还有偏差,可以把连接螺旋稍微松动,在架头上平移仪器来精确对准测站点,再旋紧连接螺旋即可。对中误差一般小于3mm。

使用光学对中器进行对中时,应与仪器的整平工作结合进行。具体步骤如下:

1) 张开三脚架,目估对中且使三脚架架头大致水平,架高适中。

2) 将经纬仪固定在脚架上,调整对中器目镜焦距,使对中器的圆圈标志和测站点影像清晰。

3) 转动仪器脚螺旋,使测站点影像位于圆圈中心。

4) 伸缩脚架腿,使圆水准器气泡居中。然后,旋转脚螺旋,通过管水准器整平仪器。

5) 察看对中情况,若偏离不大,可以通过平移仪器使圆圈套住测站点位,精确对中。若偏离太远,应重新整置三脚架,直到达到对中、整平的要求为止。

对于电子经纬仪和全站仪,一般安置有激光或红外对点器。对中时,打开对点器的开关,移动仪器使激光点或红外点与地面点中心重合,即完成对中。

在操作仪器时,应注意的事项主要有:

1) 对中后应及时固紧连接螺旋和架腿固定螺丝。

2) 检查对中偏差应在规定限差3mm之内。

3) 在光滑地面上设站时,应将脚架腿固定好,以防止脚架腿滑动。

4）在山坡上设站时,应使脚架的两个腿在下坡,一个腿在上坡,以保障仪器稳定、安全。

（2）整平:整平的目的是使仪器的水平度盘位于水平位置,或使仪器的竖轴位于铅垂位置。整平分两步进行,首先通过伸缩脚架腿使圆水准器气泡居中,即概略整平。再通过旋转脚螺旋使照准部水准管气泡在相互垂直的两个方向上都居中,即精确整平。

如图 4-9 所示,精确整平的方法如下:

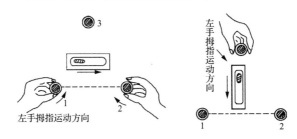

图 4-9　整平原理示意图

1）旋转仪器,使照准部水准管与任意两个脚螺旋的连线平行,用两手同时相对或相反方向转动这两个脚螺旋,使气泡居中。

2）旋转仪器 90°,使照准部水准管与前面选定的两个脚螺旋连线垂直,转动第三个脚螺旋,使气泡居中。

如果水准管位置正确,如此反复进行数次即可达到精确整平的目的,即水准管转到任何方向时,其水准气泡居中,或偏离不超过 1 格。

2. 瞄准目标

瞄准是指用十字丝来照准目标。测量水平角时,用十字丝的纵丝瞄准目标。当目标较粗时,常用单丝平分目标;当目标较细时,则常用双丝对称夹准。如果杆状目标（花杆或旗杆）歪斜时,尽量照准根部,以减少照准偏差的影响。

测量竖直角时,一般用十字丝的横丝（中丝）瞄准目标。

照准时,目标要靠近纵丝。切准目标的部位一定要明确并记录在手簿上,一般用中丝切准目标的上沿。

需要注意的是,无论是测量水平角还是测量竖直角,其照准目标的部位均应接近于十字丝的中心为好。如图 4-10 所示,经纬仪测水平角时用双丝瞄准目标的操作方法:松开照准部和望远镜的制动螺旋,转动照准部和望远镜,用粗瞄准器使望远镜大致照准目标,然后从镜内找到目标并使其移动到十字丝中心附近,固定照准部和望远镜的制动螺旋,再旋转其水平微动螺旋,便可以准确照准目标的固定部位,最后读取水平度盘读数。

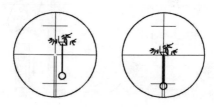

图 4-10　十字丝瞄准目标

3. 读数

打开反光镜,并调整其位置,使进光明亮均匀,然后进行读数显微镜调焦,使读数窗分划读数清晰并直接读数。

4. 配置度盘方法

为了减少度盘分划误差的影响和计算方向观测值的方便,使起始方向(或称零方向)水平度盘读数在 $0°\sim1°$ 之间,或某一特定位置,称为配置度盘。

当测角精度要求较高时,往往需要在一个测站上观测几个测回。为了减弱度盘分划误差的影响,各测回零方向的起始数值 δ 按式(4-3)计算:

$$\delta = \frac{180}{n}(i-1) \qquad (4-3)$$

式中:n——测回数;

i——测回的序号。

例如,当要求测两个测回($n=2$)时,第Ⅰ测回($i=1$),零方向的度盘读数应为$0°\sim1°$之间;第Ⅱ测回($i=2$),零方向度盘读数应为略大于$90°$。

第三节　水平角的观测

水平角的观测方法有多种,无论采用何种方法,为消除仪器的某些误差,一般应用盘左和盘右两个位置进行观测。所谓盘左,就是观测者对着望远镜的目镜时,竖盘在望远镜的左边;盘右则是观测者对着望远镜的目镜时,竖盘在望远镜的右边。盘左又称正镜;盘右又称倒镜。

根据观测目标的多少,水平角的观测方法有:测回法和方向观测法。

一、测回法

测回法只用于观测两个方向之间的夹角,是水平角观测的基本方法。如图 4-11 所示,设要观测的水平角为$\angle\beta$,在 O 点安置经纬仪,分别照准 A、B 两点的目标进行读数,两读数之差即为水平角值。安置经纬仪后,具体操作步骤如下:

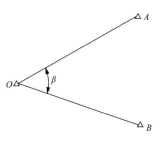

图 4-11　测回法观测水平角示意图

(1) 盘左位置。瞄准目标 A,使标杆或测钎准确地夹在双竖丝中间(或单丝去平分);为了减低标杆或测钎竖立不直的影响,应尽量瞄准标杆或测钎的最低部。

(2) 读取水平度盘读数 $a_左$,记入观测手簿。

(3) 顺时针方向转动照准部瞄准目标 B,读记水平度盘

读数 $b_左$；

以上(2)、(3)两步工作称为盘左半测回或上半测回,测得角值为：$\beta_左 = b_左 - a_左$

(4) 倒转望远镜,盘左变成盘右,先瞄准目标 B,读记水平度盘读数 $b_右$。

(5) 逆时针转动照准部瞄准目标 A,读记水平度盘读数 $a_右$。

以上(4)、(5)两步工作称为盘右半测回或下半测回,测得角值为：$\beta_右 = b_右 - a_右$

盘左和盘右两个半测回合在一起称为一个测回。两个半测回的角值不超过允许限差时,则取平均值作为一测回的观测结果,即

$$\beta = \frac{1}{2}(\beta_左 + \beta_右) \qquad (4-4)$$

采用盘左、盘右两个位置观测水平角,可以抵消某些仪器构造误差、观测误差对测角的影响,同时也可以检查观测中有无错误。由于水平度盘注记是顺时针方向增加的,因此在计算角值时,无论是盘左还是盘右,均应用右侧目标的读数减去左侧目标的读数,如果不够减,则应加上 360° 再减。为了提高测量精度,往往需要对某角度观测多个测回,按 $\delta = \frac{180}{n}(i-1)$ 设置各测回度盘的起始读数。

测回法观测水平角通常有两项限差,一是两个半测回的角值之差,对于 DJ$_6$ 型经纬仪而言,半测回角值之差不应大于 $36''$；二是各测回角值之差,对于 DJ$_6$ 型经纬仪而言,各测回角值之差不应大于 $24''$。如果超限,应找出原因并进行重测。

测回法观测水平角记录、计算举例,见表 4-2。

二、方向观测法

方向观测法又叫全圆测回法,当观测三个及以上的方向时,通常采用方向观测法。它是以某一个目标作为起始方向(称为零方向),依次观测出其余各个目标相对于起始方向的

方向值,然后根据方向值计算水平角值。

表 4-2 测回法观测水平角记录、计算表

测站	测回	竖直度盘位置	目标	度盘读数 ° ′ ″	半测回角值 ° ′ ″	一测回角值 ° ′ ″	各测回平均值 ° ′ ″	备注
O	1	左	A	0　00　06	85　35　42	85　35　39	85　35　40	
			B	85　35　48				
		右	A	180　00　12	85　35　36			
			B	265　35　48				
	2	左	A	90　01　06	85　35　48	85　35　42		
			B	175　36　54				
		右	A	270　01　06	85　35　36			
			B	355　36　42				

1. 观测步骤

如图 4-12 所示,在测站 O 上观测 A、B、C、D 各个方向之间的水平角,方向观测法的操作步骤如下:

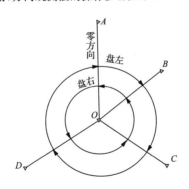

图 4-12　方向观测法观测水平角示意图

(1) 将仪器安置于测站点 O 上,对中、整平。

(2) 选取与 O 点相对较远的目标 A 作为零方向。

(3) 盘左位置,照准目标 A,配置水平度盘的起始读数。读取该数并记入观测手簿中。

(4) 顺时针方向转动照准部,依次瞄准目标 B、C、D,读

取相应的水平度盘读数并记入观测手簿中。

（5）为了检查观测过程中水平度盘是否变动，需要顺时针方向再次瞄准零方向 A 并读取水平度盘的读数。这一步骤称为"归零"，两次零方向读数之差称为半测回归零差。使用 DJ$_6$ 型经纬仪观测，半测回归零差不应大于 18″。如果半测回归零差超限，应立即查明原因并重测。

以上（3）～（5）步工作称为盘左半测回或上半测回，可见上半测回的观测顺序为 $A \rightarrow B \rightarrow C \rightarrow D \rightarrow A$。

（6）倒转望远镜使仪器成盘右位置，逆时针转动照准部，照准零方向 A，读取水平度盘读数并记入观测手簿中。

（7）逆时针方向转动照准部，依次照准目标 D、C、B，读取相应的水平度盘读数并记入观测手簿中。

（8）逆时针转动照准部瞄准零目标点 A，读取水平度盘读数并计算归零误差是否超限，其限差规定同上半测回。

以上（6）～（8）步工作称为盘右半测回或下半测回，可见下半测回的观测顺序为 $A \rightarrow D \rightarrow C \rightarrow B \rightarrow A$。上、下半测回合起来称为一测回。

2. 方向观测法的计算及限差规定

（1）计算两倍照准轴误差（2C）及限差：两倍照准轴误差（用 2C 表示），它在数值上等于一测回同一方向的盘左读数 L 与盘右读数 $R \pm 180°$ 之差，即

$$2C = L - (R \pm 180°) \tag{4-5}$$

式中：当 $L > R$ 时，取"+180°"；反之，取"-180°"。

同一测回中，2C 的最大值与最小值之差称为"2C 互差"。在进行水平角的测量时更多的是关注"2C 互差"。现行国家标准《国家三角测量规范》（GB/T 17942—2000）规定，J$_2$ 型仪器同一测回 2C 互差的绝对值不得大于 13″，对于 J$_6$ 型仪器一般不考虑。

（2）计算各方向读数的平均值：取每一方向盘左读数与（盘右读数 $\pm 180°$）的平均值，作为该方向的平均读数。即

$$平均读数 = \frac{L + (R \pm 180°)}{2} \tag{4-6}$$

由于归零起始方向有两个平均读数,应再取其平均值,作为零方向的平均读数。

计算前,应检查半个测回中归零起始方向的两次读数情况,GB/T 17942—2000 规定,J_2 型仪器"半测回归零差"不得大于 8″;而工作中,J_6 型仪器"半测回归零差"一般不得大于 18″。

(3) 计算各测回同一方向的归零方向值:为了便于测回间的计算和比较,要把起始方向值(零方向值)改化成 0°00′00″,即把原来的方向值减去起始方向 A "归零"后的平均值。公式如下:

$$归零方向值 = 平均读数 - 零方向平均读数 \quad (4\text{-}7)$$

如果进行多个测回观测,同一方向的各测回观测得到的归零方向值理论上应该相等,但实际上由于测量存在一定误差,它们之间的差值称为"同一方向各测回归零值之差"。GB/T 17942—2000 规定,J_2 型仪器各测回同一方向归零方向值之差不得大于 9″;而工作中,J_6 型仪器各测回同一方向归零方向值之差一般不得大于 24″。

(4) 计算各测回平均归零方向值:在各测回同一方向归零方向值之差符合要求时,将各测回同一方向的归零方向值相加并除以测回数,即得该方向各测回平均归零方向值。

(5) 计算水平角:将组成该角的两个方向的方向值相减即可得该水平角。

方向观测法观测水平角记录、计算举例,见表 4-3。

三、原始数据更改的规定

(1) 读记错误的秒值不许改动,应重新观测。读记错误的度、分值,必须现场更改,但同一方向盘左、盘右、半测回值三者之间不得同时更改两个相关数字;同一测站不得有两个相关的数字连环更改。否则,均应重测。

(2) 凡更改错误,均应将错误数字或文字用横线整齐画去,在其上方写出正确的数字或文字。原错误数字或文字应仍能看清楚,以便检查。需要重测的方向或需要重测的测回

表 4-3　　　　　方向观测法观测水平角记录、计算表

测站	测回数	目标	水平度盘读数		2c ″	平均值 ° ′ ″	归零方向值 ° ′ ″	各测回平均方向值 ° ′ ″	水平角值 ° ′ ″
			盘左 ° ′ ″	盘右 ° ′ ″					
O	1	A	0 00 06	180 00 18	−12	(0 00 16) 0 00 12	0 00 00	0 00 00	81 53 52
		B	81 54 06	261 54 00	+06	81 54 03	81 53 47	81 53 52	71 38 40
		C	153 32 48	333 32 48	0	153 32 48	153 32 32	153 32 32	130 33 28
		D	284 06 12	104 06 06	+06	248 06 09	284 05 53	284 05 53	75 54 00
		A	0 00 24	180 00 18	+06	0 00 21			
	2	A	90 00 12	270 00 24	−12	(90 00 21) 90 00 18	0 00 00		
		B	171 54 18	351 54 18	0	171 54 18	81 53 57		
		C	243 32 48	63 33 00	−12	243 32 54	153 32 33		
		D	14 06 24	194 06 30	−06	14 06 27	284 06 06		
		A	90 00 18	270 00 24	−12	90 00 24			

可用从左上角至右下角的斜线画去。凡画改的数字或画去的不合格成果,均应在备注栏内注明原因。需要重测的方向或测回,应注明重测结果所在的页数。

(3) 补测或重测结果不得记录在测错的手簿页数之前。

第四节　竖直角的观测

一、竖直度盘的构造

竖直度盘的中心和水平轴的一端固连在一起并竖直度盘垂直于水平轴,同时,竖直度盘的中心也与望远镜旋转中心重合并和望远镜旋转轴固连在一起。当望远镜上下转动时,望远镜带动竖直度盘转动,但用来读取竖直度盘读数的指标并不随望远镜而转动,因此可以读取不同视线的竖盘读数。当望远镜视线水平时,竖直度盘读数设为一固定值。用望远镜照准目标点,读出目标点对应的竖盘读数,根据该读

数与望远镜视线水平时的竖直度盘读数就可以计算出竖直角。

竖直度盘指标与竖直度盘指标水准管连在一个微动架上,转动竖直度盘指标水准管的微动螺旋,可以改变竖直度盘分划线影像与指标线之间的相对位置。正常的情况下,当竖直度盘指标水准管气泡居中时,竖直度盘指标就处于正确的位置。因此,在观测竖直角时,每次读取竖盘读数之前,都应先调节竖直度盘指标水准管的微动螺旋,使竖直度盘指标水准管气泡居中。但目前有的经纬仪竖直度盘指标水准管装有自动补偿装置,能自动归零,因而可以直接读数。

竖直度盘的注记形式多为全圆式顺时针或逆时针注记,如图 4-13(a)为 J$_6$、030、T1、T2 等经纬仪竖盘的注记形式;如图 4-13(b)所示为 J$_6$ 级经纬仪竖盘注记形式;如图 4-13(c)所示为蔡司 010 等仪器的竖盘注记的形式。为显示直观起见,将盘左望远镜水平时的竖盘正确读数位置标为指标位置。

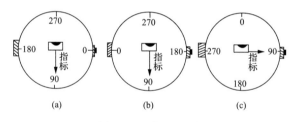

图 4-13 竖盘注记形式

二、竖直角的观测

竖角的观测方法有两种:一种是中丝法,另一种是三丝法。

1. 中丝法

中丝法是利用十字丝的中丝(即水平长丝)切准目标进行竖角观测的方法。其操作步骤为:

(1)在测站上安置仪器后,盘左位置照准目标,固定照准部和望远镜,转动水平微动螺旋和竖直微动螺旋,使十字丝的中丝精确切准目标的特定部位。

（2）如果仪器竖盘指标为自动归零装置，则直接读取竖盘读数 L；如果采用的是竖盘指标水准管，应先调整竖盘指标水准管微动螺旋使气泡居中再读数。读数记入记录手簿。

（3）盘右精确照准同目标的同一特定部位。按第（2）步骤的操作后读取竖盘读数 R 并记入记录手簿。

2. 三丝法

三丝法是利用十字丝的三根横丝按望远镜内所见上、中、下的顺序依次切准同一目标并读数的观测方法。其操作方法与中丝法基本相同，所不同的是，盘左、盘右观测时，均以上、中、下丝的顺序依次切准目标并读数，而在记簿时，盘左按自上而下的顺序将读数记入手簿，盘右则按自下而上的顺序将读数记入手簿。

采用三丝法时，由于上丝（或下丝）与中丝读数之间相差 $17'11''$，所以手簿中的上丝和下丝的指标差分别比中丝的指标差相差 $-17'11''$ 和 $+17'11''$ 左右，其指标差较差的确定则以一次设站中同一根横丝的所有指标差分别计算。其他计算与中丝法相同。

三、竖直角的计算

竖直角的角值是目标视线的读数与水平视线读数（始读数）之差，仰角为正，俯角为负。竖直角的计算与竖直度盘的注记形式有关。现以 DJ_6 型光学经纬仪的竖直度盘注记形式为例，说明竖直角计算的一般法则。

图 4-14 的上部分是 DJ_6 经纬仪在盘左时的三种情况，如果指标位置正确，则视准轴水平时，指标水准管气泡居中，指标所指的竖直度盘读数 $L_{水平} = 90°$；当视准轴仰起测量仰角时，竖直度盘读数比 $L_{水平}$ 小；当视准轴俯下时，竖直度盘读数比 $L_{水平}$ 大。

因此，盘左时竖直角 $\alpha_左$ 的计算公式应为

$$\alpha_左 = L_{水平} - L_读 \tag{4-8}$$

式中：$L_读$——盘左照准目标时的竖盘读数。

即

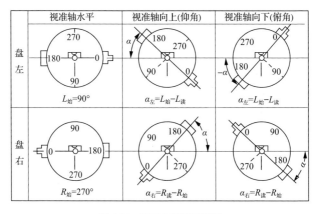

图 4-14　竖直角计算示意图

$$\alpha_{左} = 90° - L_{读} \tag{4-9}$$

图 4-14 的下半部分是盘右时的三种情况,$R_{水平}=270°$;与盘左相反,测仰角时读数比 $R_{水平}$ 大,测俯角时读数比 $R_{水平}$ 小。因此,盘右时竖直角的计算公式应为

$$\alpha_{右} = R_{读} - 270° \tag{4-10}$$

以上为顺时针注记时的竖直角的计算公式。把图 4-14 中的注记改为逆时针注记时,同理可以得出竖直度盘的计算公式:

$$\alpha_{左} = L_{读} - 90° \tag{4-11}$$

$$\alpha_{右} = 270° - R_{读} \tag{4-12}$$

因此,根据竖直度盘读数计算竖角时,首先应看清望远镜向上抬高时竖直度盘读数是增大还是减小。若望远镜抬高时竖直度盘读数增大,则

竖直角 = 瞄准目标视线时竖直度盘读数
　　　　 — 视线水平时竖直度盘读数

若望远镜抬高时竖直度盘读数减小,则

竖直角 = 视线水平时竖直度盘读数

一瞄准目标视线时竖直度盘读数

以上规定,适合任何竖直度盘注记形式和盘左、盘右观测。

四、竖盘指标差

竖直角的计算公式(4-10)、公式(4-11)是认为当视线水平时,其读数是$90°$的整数倍。但实际中,由于指标线可能从正确位置偏移的缘故,使视线水平时的读数比起始读数大了或小了一个数值,即竖盘读数指标的实际位置与正确位置之差,称这个偏差为指标差,通常用x表示。当指标偏移方向与竖盘注记方向一致时,则使读数中增大了一个x,令x为正;反之,指标偏移方向与竖盘注记方向相反时,则使读数中减小了一个x,令x为负,如图4-15所示。

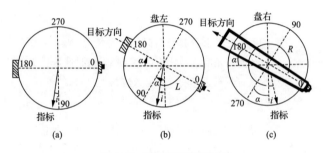

(a)   (b)   (c)

图4-15 指标差计算示意图

图4-15(a)为盘左位置时,当照准轴水平,指标偏在读数大的一方;图4-15(b)为盘左位置,且当望远镜抬高瞄准目标时的竖直度盘情况,设竖直度盘读数为L,则竖角α应为

$$\alpha = 90° - L + x \tag{4-13}$$

图4-15(c)为盘右位置照准原目标时的竖直度盘情况,设竖直度盘读数为R,则竖角α应为

$$\alpha = R - 270° - x \tag{4-14}$$

因此

$$\alpha = \frac{1}{2}(R - L - 180°) \tag{4-15}$$

$$x = \frac{1}{2}(L + R - 360°) \qquad (4\text{-}16)$$

由式(4-16)可以看出,利用盘左、盘右观测竖直角并取平均值可以消除竖盘指标差的影响。但通常指标差过大时计算不甚方便,应予以纠正。

竖直角观测记录、计算举例,见表4-4。

表 4-4 竖直角观测记录、计算表

测站	目标	盘位	竖盘读数 °　′　″	半测回读数 °　′　″	指标差 ″	一测回角值 °　′　″	备注
O	M	盘左	86 42 36	+3 17 24	+3	+3 17 21	竖盘顺时针注记
		盘右	273 17 18	+3 17 18			
	N	盘左	95 35 00	−5 35 00	+6	−5 35 06	
		盘右	264 24 48	−5 35 12			

第五节　三角高程测量

三角高程测量是一种间接测定两点之间高差的方法。已知两点之间的水平距离 D(或斜距 S),通过观测竖直角 α 以计算两点间的高差,从而计算待定点高程,称为三角高程测量。

对于山区或不便于进行水准测量的地区,用三角高程方法测量高差,作业速度快,效率高,广泛用于地形测量图根点高程控制测量中。

一、三角高程测量原理

如图 4-16 所示,已知 AB 点间的水平距离 D(或斜距 S),在测站 A 点安置仪器观测竖直角 α,现计算 AB 点间高差。

A、B 点间的高差 h_{AB} 为

$$h_{AB} = D\tan\alpha + i - v \qquad (4\text{-}17)$$

式中:i——仪器高,是测站点桩顶至仪器中心的高度,用小

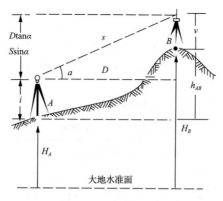

图 4-16　三角高程测量

　　钢尺量取;

v—— 目标高,是目标点处水准尺中丝读数或棱镜高度;

D—— A、B 点间的水平距离,可用全站仪测量或坐标反算所得。

　　若已知 A 点高程 H_A,可求 B 点高程 H_B(称为正觇观测),即

$$H_B = H_A + h_{AB} \tag{4-18}$$

　　若已知 B 点高程 H_B,可求 A 点高程 H_A(称为反觇观测),即

$$H_A = H_B - h_{AB} \tag{4-19}$$

二、地球曲率和大气折光影响

　　当两点间距离较远(超过 200m)时,三角高程测量的两点间高差计算要考虑地球曲率差和大气折光差的影响,即应对观测得到的高差施加"球气差"改正。地球曲率和大气折光影响情况如图 4-17 所示。

　　地球曲率、大气折光的综合影响为

$$f = 0.43 \frac{D^2}{R} \tag{4-20}$$

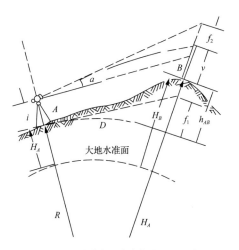

图 4-17　地球曲率和大气折光影响示意图

式中：f——球气差；

$\quad\quad D$——A、B 点间的水平距离；

$\quad\quad R$——地球曲率半径，计算时取 $R=6371$km。

当顾及两差改正时，三角高程测量的高差计算公式为

$$h_{AB} = D\tan\alpha + i - v + f \quad\quad (4\text{-}21)$$

为了削弱外界条件影响，减小误差，进行三角高程测量时，通常每一条边需要进行对向观测。当对向观测计算的结果互差小于规定限差时，取二者均值作为最后结果。

第五章

距 离 测 量

第一节 距离丈量的基本工具

采用钢卷尺或皮卷尺直接丈量地面上两点间的水平距离,是工程中主要的测量距离方法之一。

一、钢尺、皮尺、因瓦线尺

如图 5-1 所示,普通钢卷尺一般尺宽为 10～15mm,厚约 0.4mm,长度有 20m、30m 和 50m 数种,卷放在圆形盒或金属架上。钢尺的分划有几种,有的钢尺以厘米为基本分划,适用于一般量距;有的钢尺在其起端第一分米内刻有毫米分划,有的钢尺是整个尺段都以毫米刻划,适用于精密量距。较精密的钢尺在制造时有规定的温度及拉力说明,如在尺端处刻有"30m、20℃、100N"等字样,表示该钢尺在检定时的温度为 20℃、拉力为 100N,而 30m 则为钢尺刻线的最大注记值,通常称之为名义长度。

图 5-1 钢尺

普通皮尺,除制造材料与钢卷尺不同以外,其长度分类、尺面宽度以及刻度分划均与钢卷尺类似。由于皮尺的主要制造物以棉麻材料居多,所以皮尺在使用过程中不能使用过大的力量拉扯,以免皮尺因受外力作用尺长变长,易造成测量距离产生一定误差。

不论是钢卷尺还是皮尺,根据零点位置的不同,可分为端点尺和刻线尺两种。端点尺是以尺的最外端作为该尺的零点,方便从墙根起量距,如图 5-2(a)所示;刻线尺是以尺前端的某一刻划线作为该尺的零点,如图 5-3(b)所示,这样可以获得较高的丈量精度。

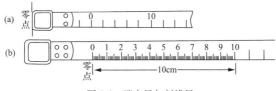

图 5-2 端点尺与刻线尺

因瓦线尺是用镍铁合金制成的,尺线直径 1.5mm,长度为 24m,尺身无分划和注记,在尺两端各连一个三棱形的分划尺,长 8cm,其上最小分划为 1mm。因瓦线尺全套由 4 根主尺,1 根 8m(或 4m)长的辅尺组成。不用时卷放在尺箱内。因瓦线尺由其受热膨胀系数较小,所以该尺常用于建筑物基线测量。

二、测钎、花杆及垂球

进行距离测量的时候,还需要使用测钎、花杆及垂球等辅助工具。

测钎:主要是用来标定尺段点的位置和计算丈量尺段数。一般用粗铁丝制成,长 30～40cm,一般 6 或 11 根为一组,套在一个圆环上,如图 5-3 所示。

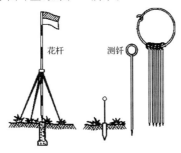

图 5-3 测钎与花杆

花杆:主要是用来指示测量点的位置。一般用普通木杆制成,上面涂有红白相间的油漆,红白相间段距离常为20cm,如图 5-3 所示。

垂球:也是用来指示测点的位置,如图 5-4 所示。

铅垂线

图 5-4　垂球

三、拉力计和温度计

在进行精密钢尺量距过程中,还需要对测量结果进行尺长改正、温度改正等工作,这时需要使用拉力计、温度计等辅助工具。在有些电磁波测距中,也需要使用温度计。

拉力计:是一种小型简便的推力、拉力测试仪器,如图 5-5 所示。具有高精度、易操作及携带方便之优点,而且有一个峰值切换操作旋钮,可做荷重峰值指示及连续荷重值指示。

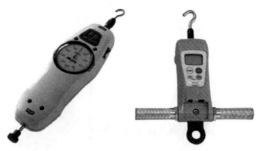

图 5-5　拉力计

温度计:是可以准确地判断和测量温度的工具,如图 5-6 所示。通常又分为指针温度计和数字温度计。在测量中,为了准确测定空气温度,也可使用发条式温度计。

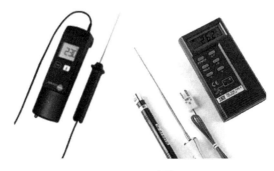

图 5-6　温度计

第二节　直　线　定　线

一、直线定线概念

实际工作中,一般需要丈量的距离往往比钢尺的注记长度大一些,这样就必须将两点之间的距离分成若干小于注记长度的尺段进行丈量。

在直线起点和终点所决定的铅垂面内设立一系列标志点的工作,称为直线定线。

二、直线定线方法

直线定线的方法,分目估定线法和经纬仪定线法两种。

1. 目估定线法

当量距精度对定线精度要求不高时,可采用目估定线法。如图 5-7 所示,设 A、B 两点间相互通视,先在 A、B 点上分别竖立标杆,为了在 A、B 两点的连线上设立标志点 1、2,甲站在 A 点标杆后约 1m 处,指挥乙左右移动标杆,直到甲在 A 点沿标杆的同一侧看到 A、2、B 三支标杆正好位于一条直线为止。同理,可以定出直线上的其他点。

目估法定线时,应注意:

(1) 一般要求点与点之间的距离稍小于一整尺长,地面起伏较大时则宜更短;

(2) 乙所持的标杆应竖直,利用食指和拇指夹住标杆的上部,稍微提起,利用重心使标杆自然竖直。

(3) 为了不挡住甲的视线,乙应持标杆站立在直线方向的左侧或右侧。

目估定线的偏差一般小于 10cm,若尺段长为 30m 时,由此引起的距离误差小于 0.2mm,这在图根控制测量中是可以忽略不计的。

图 5-7 目估定线法

2. 经纬仪定线法

经纬仪定线法,主要用于精密量距。设 A、B 两点相互通视,将经纬仪安置在 A 点,用望远镜十字丝中的纵丝瞄准 B 点,制动照准部。当望远镜上下转动时,指挥在两点间某一点上的助手左右移动标杆,直至标杆像被纵丝所平分。

为了减小照准误差,精密定线时,可用直径更细的测钎或垂球线代替标杆。

第三节　钢尺(皮尺)量距

钢尺(皮尺)量距,可分为平坦地面距离测量和倾斜地面距离测量。

一、平坦地面的距离丈量

当地面比较平坦时,可沿地面直接丈量水平距离。距离丈量时,一般需要三人协作进行,其中前、后尺各一人,记录一人。如图 5-8 所示,在进行直线定线并清除待量直线上的障碍物后,在直线两端点 A、B 上分别竖立标杆,后尺手持钢尺的零端位于 A 点,前尺手持钢尺的末端和一组测钎沿 AB 方向前进,行至一个尺段处停下。后尺手用手势指挥前尺手将钢尺拉在 AB 直线上,后尺手将钢尺的零点对准 A 点,当两人同时把钢尺拉紧拉平后,前尺手在钢尺末端的整尺段分划处竖直插下一根测钎(如果在水泥地面上丈量插不下测钎时,也可以用粉笔在地面上画线做记号)得到 1 点,即量完一个整尺段。前、后尺手抬尺前进,当后尺手到达插测钎或画记号处时停住,再重复上述操作,量完第二整尺段。后尺手拔起地上的测钎,依次前进,直到量完 AB 直线的最后一段为止。

图 5-8 平坦地面距离丈量

一般最后一段距离不会刚好是整尺段的长度,称为余长。丈量余长时,前尺手在钢尺上读取余长值,则最后 A、B 两点间的水平距离 D_{AB} 为

$$D_{AB} = nl + q \qquad (5\text{-}1)$$

式中:n——整尺段数;

l——钢尺整尺段长度;

q——余长。

为了防止丈量中发生错误及提高量距的精度,常需要进行往、返丈量。一般设某直线段往测距离为 $D_{往}$、返测距离为 $D_{返}$,常以往、返测距离的平均值 D_{AB} 作为最后丈量结果,即

$$D_{AB} = \frac{1}{2}(D_{往} + D_{返}) \qquad (5\text{-}2)$$

而丈量距离的精度（即相对误差）K 为

$$K = \frac{|D_{往} - D_{返}|}{D_{AB}} = \frac{1}{M} \qquad (5\text{-}3)$$

式中：M——相对误差的分母。

值得注意的是，在计算相对误差时，一般应用分子为 1 的分数形式表示。相对误差的分母越大，则相对误差数值越小，说明量距的精度越高；反之，相对误差的分母越小，则相对误差数值越大，说明量距的精度越低。

在平坦地区进行钢尺量距时，其相对误差一般应不大于 $\frac{1}{3000}$；在困难地区进行钢尺量距时，其相对误差也应不大于 $\frac{1}{1000}$。否则，应重新进行往、返丈量。

【例 5-1】 用钢尺丈量 A、B 两点间的水平距离，往测值为 165.424m，返测值为 165.454m，试求 AB 间的最后测量距离，并计算测量精度。

解： 平均距离 $D = \frac{1}{2}(165.424 + 165.454) = 165.439(\text{m})$

相对误差 $K = \frac{|165.424 - 165.454|}{165.439} \approx \frac{1}{5500}$

二、倾斜地面的距离丈量

1. 平量法

在沿倾斜地面丈量距离过程中，当地势起伏不大时，可将钢尺（或皮尺）拉平丈量。如图 5-9 所示，丈量由 A 点向 B 点进行，后尺手持钢尺零端，并将零刻线对准起点 A 点；前尺手沿着 AB 方向将钢尺抬高至水平状态并拉紧钢尺，然后用垂球尖端将尺段的末端投于地面上，再插以测钎。

若地面倾斜较大，将钢尺抬平测量一整尺段有困难时，可将整个直线段分为若干小直线段来丈量平距。在倾斜地面进行两次距离丈量时，一般采用两次独立的从上向下丈量的方式。

平量法的距离计算式为

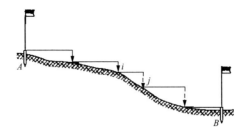

图 5-9　平量法示意图

$$D_{AB} = \sum D_i \qquad (5-4)$$

式中：D_{AB} ——整个直线段的水平距离；

$\sum$ ——求和计算；

D_i ——每一小直线段丈量水平距离。

平量法的最后丈量结果仍是取两次丈量的平均值，即

$$D_{\Psi} = \frac{D_{AB1} + D_{AB2}}{2} \qquad (5-5)$$

平量法丈量结果的相对误差的计算式为

$$K = \frac{|D_{AB1} - D_{AB2}|}{D_{\Psi}} = \frac{1}{M} \qquad (5-6)$$

2. 斜量法

如图 5-10 所示，当倾斜地面的坡度比较均匀时，可以沿着斜坡面直接丈量出 A、B 间的斜距 L，同时测量出地面倾斜角 α 或两端点间的高差 h，然后按式(5-7)计算 A、B 间的水平距离 D：

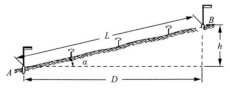

图 5-10　斜量法示意图

$$D = L\cos\alpha = \sqrt{L^2 - h^2} \qquad (5\text{-}7)$$

斜量法也常需要进行往、返丈量距离,分别计算出平距后,再计算最后丈量结果及相对误差。

三、钢尺量距的精密方法

在钢尺量距中,如量距相对误差要求在 $1/10000 \sim 1/40000$ 时,需要使用精密方法进行钢尺测量。一般在隧道联系测量时,需要使用这种方法。

精密量距中,主要是对量距结果进行尺长改正、温度改正及倾斜改正,以求出改正后的水平距离。具体方法如下:

1. 直线定线

丈量前,先用经纬仪进行定线,定线偏差在 $5 \sim 7 cm$ 内,两标志间的距离要略短于所用钢尺名义长度。

2. 测量尺段高差

用水准仪往、返测出各段高差,各尺段往、返测量高差之差不大于 $5 \sim 10 mm$,并取平均高差作为最后高差。

3. 丈量距离

在测量温度的同时,用检验钢尺时的拉力对每段距离丈量 3 次,每次应略微变动尺子的位置,3 次读得长度值之差一般不超过 $2 \sim 3 mm$,并取 3 次丈量的平均值作为该段丈量的最后结果。

4. 测量成果整理

测量外业结束后,对测量的结果进行尺长改正、温度改正及倾斜改正,并计算整个测线改正后的水平距离及测量精度。

(1)尺长改正:设某钢尺在标准拉力、一定温度条件下的检定长度 l' 与钢尺的名义长度 l_0 不相等,其差数 Δl 为整尺段的尺长改正数,即

$$\Delta l = l' - l_0 \qquad (5\text{-}8)$$

若使用该钢尺丈量某段距离为 D',其对应的尺长改正数为

$$\Delta D_l = \frac{\Delta l}{l_0} D' \qquad (5\text{-}9)$$

（2）温度改正：由于钢尺长度受温度的影响会有一定的伸缩变化，因此当量距时的温度 t 与检定钢尺时的温度 t_0 不一致时，需要对丈量结果进行温度改正。

若使用该钢尺在温度为 t 时丈量某段距离为 D'，其对应的温度改正数为

$$\Delta D_t = \alpha(t - t_0)D' \qquad (5\text{-}10)$$

式中：α——钢尺的线膨胀系数，一般为 $1.25 \times 10^{-5}/^{\circ}\text{C}$。

（3）倾斜改正：是指将丈量的倾斜距离 D' 改算成水平距离 D 时所应施加的高差改正。

设 A、B 点间的高差为 h，则对应的倾斜改正数一般为

$$\Delta D_h = -\frac{h^2}{2D'} \qquad (5\text{-}11)$$

（4）计算尺段平距：改正后的尺段水平距离 D 应为

$$D = D' + \Delta D_l + \Delta D_t + \Delta D_h \qquad (5\text{-}12)$$

【例 5-2】 有名义长度为 30m 的钢尺在 $t_0 = 20^{\circ}\text{C}$ 时进行检定，其实际长度为 30.0025m。现在 $t = 25.80^{\circ}\text{C}$ 时丈量直线 AB 的长度为 29.8652m，高差为 -0.152m，试求 AB 间实际水平距离。

解： 尺长改正为

$$\Delta D_l = \frac{\Delta l}{l_0}D' = \frac{30.0025 - 30}{30} \times 29.8652 = +2.5 \text{(mm)}$$

温度改正数为

$$\Delta D_t = \alpha(t - t_0)D' = 1.25 \times 10^{-5}(25.80 - 20) \times 29.8652$$
$$= +2.2 \text{(mm)}$$

倾斜改正数为

$$\Delta D_h = -\frac{h^2}{2D'} = -\frac{(-0.152)^2}{2 \times 29.8652} = -0.4 \text{(mm)}$$

AB 间实际水平面距离为

$$D = D' + \Delta D_l + \Delta D_t + \Delta D_h = 29.8652 + 0.0025$$
$$+ 0.0022 - 0.0004 = 29.8695(\text{m})$$

四、钢尺量距时的主要注意事项

（1）丈量前应检查钢尺，并注意钢尺的零点位置。

（2）量距时，定线要准确，尺子要水平，拉力要均匀。

（3）读数时要细心、准确，不要看错、念错。

（4）记录要完整、清楚、正确；不要漏记、涂改、算错。

（5）钢尺使用中如出现卷曲现象，切不可强行用力硬拉，防止钢尺折断。

（6）在行人和车辆较多的地区量距时，中间要有专人保护，防止钢尺被碾压或损坏。

（7）严禁将钢尺沿地面拖拉，以免磨损尺面分划。

（8）钢尺使用完毕后，要用软布擦去钢尺上的泥和水，涂上机油，以防钢尺生锈。

第四节　视　距　测　量

视距测量是利用经纬仪或水准仪望远镜中的视距丝（上、下丝）并配合视距尺（或水准尺），根据几何光学及三角学原理，同时测定地面上两点间的水平距离和高差的一种方法。该方法具有操作简单、速度快、受地形起伏限制小等优点，但测距精度较低，一般情况下测距精度只能达到 1/300，故常用于地形测图。

一、视距测量基本公式

1. 视线水平时的视距测量公式

如图 5-11 所示，欲测定 A、B 两点间的水平距离，可在 A 点安置经纬仪（或水准仪），在 B 点竖立视距尺（或水准尺）。当望远镜视线水平时，视准轴与尺子垂直，经对光后，通过仪器望远镜中的上、下两条视距丝读得尺上对应的 M、N 两点处的读数，两读数的差值 l 称为尺间隔。

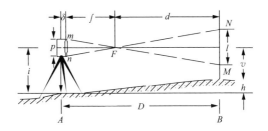

图 5-11　视线水平时的视距测量

则 A、B 两点间的水平距离 D 为

$$D = Kl + C \qquad (5\text{-}13)$$

式中：K——视距乘常数；

C——视距加常数。

实际工作中，考虑到测量仪器的设计和制造因素，通常取 $K = 100$，$C = 0$。因此，视线水平时的平距计算公式为

$$D = 100l \qquad (5\text{-}14)$$

而 A、B 两点间的高差计算式 h_{AB} 为

$$h_{AB} = i - v \qquad (5\text{-}15)$$

式中：i——仪器高，用小钢卷尺量至 cm；

v——目标高，系仪器望远镜的中丝在标尺上的读数。

若已知测站点 A 的高程 H_A，则立尺点 B 的高程 H_B 为

$$H_B = H_A + h_{AB} = H_A + i - v \qquad (5\text{-}16)$$

2. 视线倾斜时的视距测量公式

如图 5-12 所示，当地面起伏较大时，必须将望远镜倾斜一定角度 α 才能照准视距尺，此时的视准轴不再垂直于尺子。

根据公式推导，视线倾斜时的水平距离 D 为

$$D = Kl \cos^2\alpha \qquad (5\text{-}17)$$

式中：K——视距乘常数，计算时取 $K = 100$；

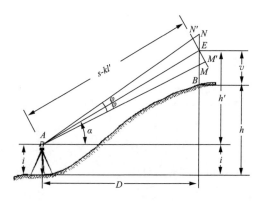

图 5-12　视线倾斜时的视距测量

l——尺间隔,计算时取上、下两条视距丝的读数之差
（以正数表示）;

α——视线倾斜竖直角。

而 A、B 两点间高差 h_{AB} 的计算式为

$$h_{AB} = \frac{1}{2}Kl\sin2\alpha + i - v \tag{5-18}$$

或

$$h_{AB} = D\tan\alpha + i - v \tag{5-19}$$

式中: i——仪器高;

v——目标高。

在式(5-18)、式(5-19)中,有时将 $h' = \frac{1}{2}Kl\sin2\alpha = D\tan\alpha$ 称为高差主值(也称初算高差)。

若已知测站点 A 的高程 H_A,则立尺点 B 的高程 H_B 为

$$H_B = H_A + h_{AB} = H_A + D\tan\alpha + i - v \tag{5-20}$$

事实上,视线水平是视线倾斜时的一种特殊情况,当 $\alpha = 0$ 时,式(5-17)、式(5-18)、式(5-20)即变为式(5-14)、式(5-15)、式(5-16)。

二、视距测量的方法

视距测量的实施步骤为:

(1) 经纬仪安置于测站点 A 上,量取仪器高 i;

(2) 视距尺立于目标点 B 上,盘左照准视距尺,依次读取下丝、上丝和中丝读数 v,并计算尺间隔 l;

(3) 在中丝读数保持不变的情况下,当竖盘指标水准管气泡居中时读取竖盘读数,并计算竖直角 α;

(4) 根据测得的 l、i、v、α 分别计算出 A、B 两点间的水平距离和高差,再根据测站点的高程计算出各测点的高程。

【例 5-3】 某经纬仪在 A 点(高程 $H_A = 45.37$m)安置后,量得仪器高为 $i = 1.45$m,现有 1、2 两个目标点的观测数据见表 5-1。已知该仪器盘左竖直角计算公式为 $\alpha_{左} = 90° - L$(其中,L 为竖盘读数),试分别计算 A 点至两个目标点的水平距离,以及两个目标点的高程。

解: 视距测量具体记录、计算见表 5-1。

表 5-1　　　　　　　视距测量记录计算表

测点	下丝读数/m 上丝读数/m	视距间隔/m	中丝读数/m	竖盘读数 ° ′ ″	竖直角 ° ′ ″	水平距离/m	初算差/m	高差/m	测点高程/m	备注
1	2.237 0.663	1.574	1.45	87 41 12	+2 18 12	157.14	+6.35	+6.35	51.72	盘左
2	2.445 1.555	0.890	2.00	95 17 36	−5 17 36	88.24	−8.18	−8.73	36.64	盘左

经验之谈

距离测量难点

★视距测量是利用经纬仪或水准仪望远镜中的视距丝(上、下丝)并配合视距尺(或水准尺),根据几何光学及三角学原理,同时测定地面上两点间的水平距离和高差;

★掌握视距测量的4个实施步骤。

第五节 全站仪测量距离

与钢尺量距的繁琐、视距测量的低精度相比,电磁波测距具有测程长、精度高、操作简便、自动化程度高等特点。电磁波测距按精度可分为Ⅰ级($m_D \leqslant 2mm$)、Ⅱ级($2mm < m_D \leqslant 5mm$)、Ⅲ级($5mm < m_D \leqslant 10mm$)和Ⅳ级($m_D > 10mm$)。按测程可分为短程(测距小于 3km)、中程(测距在 3~15km)和远程(测距大于 15km)。按采用的载波不同,可分为利用微波作为载波的微波测距仪、利用光波作为载波的光电测距仪。光电测距仪所使用的光源一般有激光或红外光。

一、光电测距基本原理

光电测距是通过测量光波在待测距离上往返一次所经历的时间,来确定两点之间的距离。如图 5-13 所示,在 A 点安置测仪,在 B 点安置反射棱镜,测距仪发射的调制光波到达反射棱镜后又返回到测距仪。

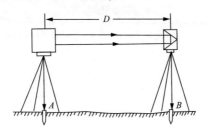

图 5-13 光电测距示意图

设光速 c 为已知,如果调制光波在待测距离上的往返传播时间为 t,则距离 D 为

$$D = \frac{1}{2} c \cdot t \tag{5-21}$$

式中:c——光波在大气中的传播速度。

而 $c = c_0/n$,其中 c_0 为真空中的光速,其值为 299792458 m/s,n 为大气折射率。通常,n 又与光波波长 λ、测线上的气温 T、气压 P 和湿度 e 有关,因此,测距时还需测定一些气象元素,以对距离进行气象改正。

光电测距仪时间的测定一般采用间接方式来实现,测定时间的方法主要有两种:

1. 脉冲法测距

由测距仪发出的光脉冲经反射棱镜反射后,又回到测距仪而被接收系统接收,测出这一光脉冲往返所需时间间隔 t 的钟脉冲的个数,进而求得距离 D。由于钟脉冲计数器的频率所限,所以测距精度只能达到 $0.5 \sim 1m$。故此法常用在激光雷达等远程测距上。

2. 相位法测距

相位法测距是通过测量连续的调制光波在待测距离上往返传播所产生的相位变化来间接测定传播时间,从而求得被测距离。红外光电测距仪就是典型的相位式测距仪。

二、全站仪测量距离

1. 全站仪精度等级的区分

全站型电子速测仪是由电子测角、电子测距、电子计算和数据存储等单元组成的三维坐标测量系统,能自动显示测量结果,能与外围设备交换信息的多功能测量仪器。由于仪器较完善地实现了测量和处理过程的电子一体化,所以人们通常称之为全站型电子速测仪或简称全站仪。

全站仪的主要精度指标包括测距标准差 m_D 和测角标准差 m_β。在全站仪设计中,对测距精度和测角精度的搭配一般应遵循"等影响"原则,即在 $D = 1km$ 的距离上要求: $\frac{m_\beta}{\beta} = \frac{m_D}{D}$,或 $\frac{m_\beta}{\beta} = 2\frac{m_D}{D}$。

全站仪的等级按其标称的角度测量标准偏差 m_β 来划分,见表 5-2。

表 5-2   **全站仪等级划分**

等级	Ⅰ 级	Ⅱ 级	Ⅲ 级	Ⅳ 级
m_β	$m_\beta \leqslant 1.0''$	$1.0'' < m_\beta \leqslant 2.0''$	$2.0'' < m_\beta \leqslant 6.0''$	$6.0'' < m_\beta \leqslant 10.0''$

全站仪测距标准偏差应符合表 5-3 的要求。

表 5-3   **全站仪测距标准偏差规定**

等级及限差	Ⅰ级	Ⅱ级	Ⅲ级	Ⅳ级
	$1.0''$	$2.0''$	$5.0''$	$10.0''$
测距标准偏差 m_D/mm	$\pm(1+1 \times 10^{-6}D)$	$\pm(3+2 \times 10^{-6}D)$	$\pm(5+5\times10^{-6}D)$	

2. 全站仪测量距离

将全站仪对中、整平于起点之上,合作棱镜对中、整平于终点之上,使用全站仪内置测距程序,按距离测量按键即可将两点之间的斜距和平距同时测量并显示出来。

全站仪直接测定的距离是仪器中心与合作棱镜中心的空间距离,也就是我们通常所说的斜距。而在实际测量过程中,我们主要使用的是两点之间连线投影到水平面上的距离,也就是所谓的平距。全站仪在进行距离测量过程中,同时还测定了仪器望远镜的竖直角 α,通过 $HD = SD \cdot \cos\alpha$ 将斜距换算成平距,其中 HD 表示平距,SD 表示斜距。

一般情况下,影响 SD 的主要外界因素是气温和气压,而影响换算后的斜距主要是竖直角 α。下面就气温、气压以及竖直角 α 对距离测量的影响做一简单的阐述。

当外界温度的误差为 1℃ 时,将会给斜距测量值带来 1mm/km 的误差;当外界气压的测量误差为 100Pa 时,将会给斜距测量带来 0.3mm/km 的误差;若观测平距为 1km、竖直角为 10°,当竖直角测量误差在 5″ 时,会给斜距测量带来 5mm 的误差。从数值上看,1000m 的观测距离,影响值都不是很大,甚至在有些低精度测量中可以忽略不计,但是对于三角高程而言,这个影响值就不能忽略不计了。

为了提高全站仪距离观测精度,在测量过程中必须对全站仪进行气象参数改正。目前,大部分全站仪均带有气象传感器自动改正功能,即全站仪能自动识别外界的气温和气压,自动修正因气温和气压所带来的影响。如果全站仪不带有气象改正功能,那么就需要人工观测气象参数,后期数据处理时根据影响值进行距离改正。

　　竖直角的影响主要采用盘左、盘右观测竖直角进行误差改正,但是全站仪竖盘指标差互差不应超过±5″。

第六章

GNSS 全球卫星定位系统简介

第一节 全球卫星定位系统的组成

GNSS 包含了美国的全球定位系统（Global Positioning System,GPS）、俄罗斯的格洛纳斯卫星导航系统（Global Orbiting Navigation Satellite System,GLONASS）、欧盟的伽利略卫星导航系统（Galileo Navigation Satellite System,GALILEO）、中国的北斗卫星导航系统（BeiDou Navigation Satellite System）。目前,欧盟的伽利略卫星导航系统、中国的北斗卫星导航系统也已逐步进入民用阶段。全部建成后,其可用的卫星数目将达到 100 颗以上。

考虑到目前应用的广泛性,主要重点介绍 GPS 卫星导航定位有关知识。

GPS 卫星导航定位系统,包括空间星座部分（GPS 卫星星座）、地面监控部分和用户设备部分（GPS 信号接收机）等三部分。三大部分之间应用数字通信技术联络传达各种信号信息,依靠各种计算软件处理繁复的数据,最后由用户接收信号解决导航定位问题。

一、空间星座部分

如图 6-1 所示,GPS 空间星座部分由若干在轨运行的卫星组成,卫星提供系统自主导航定位所需的无线电导航定位信号。其基本参数是:卫星颗数为 21+3（21 颗卫星,3 颗备用卫星）,6 个卫星轨道面。卫星高度为 20200km,轨道倾角为 55°,卫星运行周期为 11h 58min（12 恒星时）,载波频率为 1575.42MHz 和 1227.60MHz。卫星通过天顶时,卫星的可见时间为 5h,在地球表面上任何地点、任何时刻,在高度角15°以上,平均可同时观测到 6 颗卫星,最多可达 11 颗卫星,最少也有 4 颗卫星。

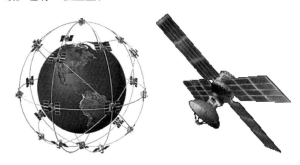

图 6-1　卫星星座分布图和 GPS 卫星

GPS 卫星的基本功能如下:

(1)接收和储存由地面监控站发来的导航信息,接受并执行监控站的控制命令。

(2)借助于卫星上设有的微处理机进行必要的数据处理工作。

(3)通过星载的高精度铯原子钟和铷原子钟提供精密的时间标准。

(4)向用户发送定位信息。

(5)在地面监控站的指令下,通过推进器调整卫星的姿态和启用备用卫星。

二、地面监控部分

对于导航定位来说,GPS 卫星是一动态已知点。卫星的位置是依据卫星发射的星历——描述卫星运动及其轨道的参数而确定。每颗卫星的广播星历是由地面监控系统提供的。卫星上各种设备是否正常工作,以及能否一直沿预定的轨道运行,都要由地面设备进行监测和控制。地面监控系统另一重要作用是保持各颗卫星处于同一时间标准。

GPS 地面监控系统包括一个主控站、三个注入站和五个监测站。主控站位于美国科罗拉多斯普林斯的联合空间执行中心,三个注入站分别位于大西洋的阿松森群岛、印度洋迭戈加西亚和太平洋的卡瓦加兰 3 个美国军事基地,五个监测站除了一个位于主控站和三个位于注入站以外,还有一个设在美国的夏威夷。

地面监控系统中各个站点的功能如下:

(1) 主控站:根据所有观测资料编算各卫星的星历、卫星钟差和大气层的修正参数,提供全球定位系统的时间基准,调整卫星运行的姿态,启用备用卫星。

(2) 注入站:在主控站的控制下,将主控站编算的卫星星历、钟差和导航电文和其他控制指令等注入到相应的卫星存储系统,并监测注入信息的正确性。

(3) 监测站:对 GPS 卫星进行连续观测,以采集数据和监测卫星的工作状况,经计算机初步处理后,将数据传输到主控站。

三、用户设备部分

用户设备部分由 GPS 接收机硬件、软件、微处理机及其终端设备构成。GPS 接收机硬件主要包括天线、主机和电源,软件分为随机软件和专业 GPS 数据处理软件,而微处理机则主要用于各种数据处理。

利用 GPS 接收机接收卫星发射的无线电信号,解译 GPS 卫星所发送的导航电文,即可获得必要的导航定位信息和观测信息,并经过数据处理软件的处理来完成各种导航、定位、授时任务。

第二节　全球卫星定位系统的基本原理

一、概述

无线电导航定位系统,其定位原理也是利用测距交会的原理确定点位。设想在地面上有三个无线电信号发射塔,其坐标已知,用户接收机在某一时刻采用无线电测距的方法分别测得了接收机至三个发射塔的距离 d_1、d_2、d_3。只需要以三个发射台为球心,以 d_1、d_2、d_3 为半径作出三个球面,即可交会出用户接收机的空间位置。同样,当将无线电信号发射台从地面搬到卫星,并组成一套卫星导航定位系统后,应用无线电测距交会的原理,便可由三个以上地面已知点(控制点)交会卫星的位置;反之,利用三颗以上的卫星的已知空间位置又可以交会出地面点(用户接收机)的位置。这便是GPS卫星定位的基本原理。

假定用户 GPS 接收机在某一时刻同时接收到三颗以上的 GPS 卫星信号,测量出测站点(接收机天线中心)P 至三颗以上 GPS 卫星的距离并解算出该时刻 GPS 的空间坐标,据此利用空间距离后方交会法可解算出测站 P 的位置。如图 6-2 所示,设在测站点 P 于 t_i 时刻用 GPS 接收机同时测得 P 点至三颗 GPS 卫星 S_1、S_2、S_3 的距离 D_1、D_2、D_3。

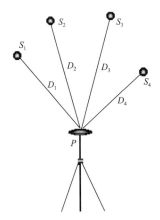

图 6-2　GPS 卫星定位原理

当通过 GPS 电文解译出该时刻三颗 GPS 卫星的三维坐标 $(X^j, Y^j, Z^j)(j = 1, 2, 3)$ 后,用距离交会法求解 P 点三维坐标 (X, Y, Z) 的观测方程为

$$\begin{cases} D_1^2 = (X - X^1)^2 + (Y - Y^1)^2 + (Z - Z^1)^2 \\ D_2^2 = (X - X^2)^2 + (Y - Y^2)^2 + (Z - Z^2)^2 \quad (6\text{-}1) \\ D_3^2 = (X - X^3)^2 + (Y - Y^3)^2 + (Z - Z^3)^2 \end{cases}$$

在 GPS 定位中,依据测距的原理,其定位原理与方法主要有伪距法定位、载波相位测量定位以及差分 GPS 定位。

二、伪距测量

伪距法定位是由 GPS 接收机在某一时刻测得四颗以上卫星的伪距以及已知的卫星位置,采用距离交会的方法求定接收机天线所在点的三维坐标。所测的伪距就是由卫星发射的测距码信号到达 GPS 天线接收机的传播时间乘以光速所得出的量测距离。由于卫星钟、接收机钟的误差以及无线电信号经过电离层和对流层的延迟,实测距离和与卫星到接收机的几何距离有一定的差值,因此一般称量测出的距离为伪距。伪距定位分为单点定位和多点定位。

1. GPS 单点定位

GPS 单点定位的实质是空间距离后方交会,即将 GPS 接收机安装在测点上并锁定 4 颗以上的工作卫星,通过将接收到的卫星测距码与接收机产生的复制码对齐来测量各锁定卫星测距码到接收机的传播时间 Δt_i,并求出工作卫星至接收机之间的伪距值;再从锁定卫星广播星历中获得其空间坐标,采用距离交会的原理解算出天线所在点的三维坐标。

单点定位的优点是只需要一台 GPS 接收机、外业观测组织及实施较为方便、速度快、无多值性问题,从而在运动载体的导航定位上得到了广泛的应用,同时可以解决载波相位测量中的整周模糊度问题。

由于伪距定位观测方程没有考虑大气电离层和对流层折射误差、星历误差的影响,所以单点定位的精度不高。用 C/A 码伪距定位精度一般为 25m,用 P 码伪距定位精度一般为 10m。

2. GPS 多点定位

GPS 多点定位是将多台 GPS 接收机(一般 2~3 台)安置在不同的测点上,同时锁定相同的工作卫星进行伪距测量。此时,由于大气电离层和对流层折射误差、星历误差的影响基本相同,因此在计算各测点之间的坐标差(ΔX,ΔY,ΔZ)时,可以消除上述误差的影响,使测点之间的点位相对精度大大提高。

三、载波相位测量

载波相位测量是测量 GPS 接收机在某时刻所接收的卫星载波信号与接收机产生的基准信号(其频率和初始相位与卫星载波信号完全相同)的相位差,从而计算出伪距。

1. 载波相位绝对定位

如图 6-3 所示,为使用载波相位测量法单点定位的情形。由于载波信号是余弦波信号,相位测量时只能测出其不足一个整周期的相位移部分 $\Delta\Phi$,因此存在整周数 N_0 不确定性问题,N_0 也称为整周模糊度。

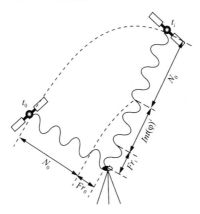

图 6-3 载波相位测量

设在 t_0 时刻,某颗工作卫星发射的载波信号到达接收机的相位移为 $2\pi N_0 + \Delta\Phi$,则该卫星至接收机的距离 D 为

$$D = \frac{2\pi N_0 + \Delta\Phi}{2\pi}\lambda = N_0\lambda + \frac{\Delta\Phi}{2\pi}\lambda \qquad (6-2)$$

式中:λ——载波波长。

如对锁定卫星进行连续跟踪观测,即连续测定卫星在不同时刻发射的载波信号,并借助于接收机内的多普勒计数器得到的载波信号的整周变化计数,可以确定接收机天线相位中心的三维坐标。由于在载波相位观测中确定 N_0 较为复

杂,因此,使用单机很难实现实时定位。

2. 载波相位相对定位

载波相位相对定位一般是使用 2 台 GPS 接收机,分别安置在测线(该测线称为基线)两个端点固定不动,通过同步接收相同卫星信号,利用卫星载波信号的相位观测值来解算基线两端点在 WGS—84 坐标系中的坐标增量 $(\Delta x, \Delta y, \Delta z)$。如果其中一个端点的坐标已知,则可推算出另一个端点的坐标。

载波相位相对定位普遍采用将相位观测值进行组合的方法,其具体方法有单差、双差法及三差法三种。

四、GPS 实时差分定位

实时差分定位,是在已知坐标的点上安置一台 GPS 接收机(称为基准站),利用已知坐标和卫星星历计算 GPS 观测值的校正值,并通过无线电通信设备将校正值发送给运动中的 GPS 接收机(称为流动站)。流动站利用校正值对自己的 GPS 观测值进行修正,以消除卫星钟差、接收机钟差、大气电离层和对流层折射误差的影响。

实时差分定位必须使用具有实时差分功能的 GPS 接收机才能够进行。这里简单介绍常用的三种实时差分定位。

1. 位置差分

位置差分方法是在基准站与流动站同步接收相同工作卫星信号的情况下,将基准站的已知坐标与 GPS 伪距单点定位获得的坐标值进行差分,通过数据链向流动站传送坐标修正值,流动站用接收到的坐标改正值对其观测的坐标进行修正。

设基准站的已知坐标为 (x_B^0, y_B^0, z_B^0),使用 GPS 伪距单点定位测得的基准站的坐标为 (x_B, y_B, z_B),通过差分求得基准站的坐标修正值为

$$\begin{cases} \Delta x_B = x_B^0 - x_B \\ \Delta y_B = y_B^0 - y_B \\ \Delta z_B = z_B^0 - z_B \end{cases} \tag{6-3}$$

设流动站使用 GPS 单点定位测得的坐标为 (x_i, y_i, z_i)，则使用基准站坐标改正值后的流动站坐标为

$$\begin{cases} x_i^0 = x_i - \Delta x_B \\ y_i^0 = y_i - \Delta y_B \\ z_i^0 = z_i - \Delta z_B \end{cases} \quad (6\text{-}4)$$

位置差分精度可达 $5\sim10m$。

2. 伪距差分

伪距差分方法是利用基准站的已知坐标和卫星星历，计算基准站到卫星间的精确距离值 D_B^0，并与基准站测得的伪距值 D_B 进行差分，得到距离修正值为

$$\Delta d_B = D_B^0 - D_B \quad (6\text{-}5)$$

通过数据链向流动站传送 Δd_B，流动站用接收的 Δd_B 修正其测得的伪距值。

伪距差分方法不要求基准站与流动站接收的卫星完全一致，但要求有 4 颗以上的相同卫星。其差分精度取决于差分卫星个数、卫星空中分布状况及差分修正值延迟时间，一般伪距差分精度为 $3\sim10m$，基准站与流动站间距离可达 $200\sim300km$。

3. 载波相位实时差分(RTK)

载波相位实时差分方法是根据载波相位定位原理使用载波相位信号进行测距，即通过数据链将基准站载波相位观测值向流动站传送，在流动站进行实时载波相位数据处理。

载波相位实时差分要求基准站与流动站之间同步接收相同的卫星信号，且两者相对距离要小于 30km，其定位精度可以达到 $1\sim2cm$。

第三节 GPS 接收机的组成和原理

接收机主要由接收机主机、接收机天线和电源三部分组成。现在的 GPS 接收机已经高度集成化和智能化，实现了将主机、接收天线和电源全部制作在天线内，并能自动捕获

卫星和采集数据。

一、接收机天线

天线由接收机天线和前置放大器两部分组成。天线的作用是将 GPS 卫星信号的极微弱的电磁波能转化为相应的电流,而前置放大器则是将 GPS 信号电流予以放大,以便于接收机对信号进行跟踪、处理和测量。如图 6-4 所示为南方 NS9800 接收机。

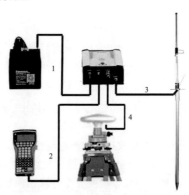

图 6-4 南方 NS9800 接收机

1—小两芯电源电缆;2—小五芯通信电缆;3—发射天线电缆;4—GPS 天线

二、接收机主机

接收机主机由变频器、信号通道、存储器、微处理器和显示器等设备组成。

1. 变频器及中频放大器

经过 GPS 前置放大器的信号仍很微弱,为了使接收机通道得到稳定的高增益,必须采用变频器使接收到的 L 频段射频信号变成低频信号。

2. 信号通道

信号通道是硬件软件结合的电路。其主要作用有:

(1) 搜索卫星,牵引并跟踪卫星;

(2) 对广播电文数据信号实行解扩、解调,成为广播电文;

(3) 进行伪距测量、载波相位测量及多普勒频移测量。

3. 存储器

接收机内存储器或存储卡可以存储卫星星历、卫星历书、接收机采集到的码相位伪距观测值、载波相位观测值和多普勒频移观测值。目前,GPS 接收机上的存储器能够直接把数据传输到电脑上。

4. 微处理器

微处理器是 GPS 接收机进行卫星观测、数据处理的主要工作设备。其承担的主要工作有:

(1) 接收机开机后,对整个接收机工作状态情况进行自检,并测定、校正、存储各通道的时延值。

(2) 对卫星进行搜索、捕捉。当捕捉到卫星信号后即对信号进行牵引和跟踪,并将基准信号译码得到 GPS 卫星星历。

(3) 根据接收机内存储的卫星历书和测站近似坐标,计算所有在轨卫星升降时间、方位和高度角。

(4) 接收用户输入信号,如测站名、测站号、天线高、气象参数等。

5. 显示器

GPS 接收机都有液晶显示屏,以提供 GPS 接收机的工作信息。用户还可以通过键盘控制接收机的工作。

三、电源

GPS 接收机电源有两种,一种是内电源,一般采用锂电池,主要用于 RAM 存储器供电,以防止数据丢失。另一种为外接电源,常用可充电的 12V 直流镍镉电池组,主要是为接收机正常工作提供能源。

第四节　全球卫星定位系统测量实施

GPS 测量工作,包括方案设计、外业实施及内业数据处理三个阶段。GPS 测量的外业实施,包括 GPS 点的选取、标志埋设、观测、数据传输及数据处理等工作。

一、选点

GPS 测量不要求测站间相互通视,且布网图形结构比较灵活。选点工作前,要收集和了解有关测区的地理情况和原有测量控制点分布及标型、标石完好等情况,同时,选点工作还应注意以下要求:

(1) 点位应设在易于安装接收机设备、视野开阔的较高点上。

(2) 点位目标要显著,视场周围 15°以上不应有障碍物,以减小 GPS 信号被遮挡或被障碍物吸收。

(3) 点位应远离大功率无线电发射源(如电视塔、微波站等),其距离不小于 200m,也要远离高压输电线,以避免电磁场对 GPS 信号的干扰。

(4) 点位附近不应有大面积水域或不应有强烈干扰信号接收的物体,以减弱多路径效应的影响。

(5) 点位应选在交通方便,有利于其他观测手段扩展与联测的地方。

(6) 地面基础稳定,易于点的保存。

(7) 控制网形应有利于同步观测边、点的联测。

(8) 当所选点位需要进行水准联测时,应实地踏勘水准路线。

(9) 当利用旧点时,应对旧点的稳定性、完好性、安全性进行认真检查,符合要求后方可利用。

二、埋设标志

GPS 网点一般应埋设具有中心标志的标石,以精确标示点位;点的标石和标志必须稳定、坚固,以利于长久保存和利用。在基岩露头地区,也可直接在基岩上嵌入金属标志。

每个点位标石埋设结束后,应提交以下资料:

(1) 点之记;

(2) GPS 网的选点网图;

(3) 土地占用批准文件和测量标志委托保管书;

(4) 选点与埋石工作技术总结。

三、观测

1. 观测依据的主要技术指标

GPS 测量控制网一般使用载波相位相对定位法,使用两台或两台以上的接收机同时对一组卫星进行同步观测。精度指标通常是以相邻点间基线长的标准差表示：

$$m_D = \sqrt{a^2 + (bD)^2} \qquad (6\text{-}6)$$

式中：m_D——标准差，mm；

$\qquad a$——固定误差，mm；

$\qquad b$——比例误差系数；

$\qquad D$——基线长，km。

现行国家标准《全球定位系统（GPS）测量规范》(GB/T 18314—2009)规定，GPS测量按其精度和用途分为 A、B、C、D、E 级。而 B、C、D、E 级的精度应不低于表 6-1 的要求。

表 6-1　GB/T 18314—2009 规定的 B、C、D、E 级的精度要求

级别	相邻点基线分量中误差		相邻点间平均距离/km
	水平分量/mm	垂直分量/mm	
B	5	10	50
C	10	20	20
D	20	40	5
E	20	40	3

现行行业标准《卫星定位城市测量技术规范》(CJJ/T 73—2010)规定，GNNS 网的主要技术要求见表 6-2。

表 6-2　　　　　GNNS 网的主要技术要求

等级	平均边长/km	固定误差 a/mm	比例误差 $b/1 \times 10^{-6}$	最弱边相对中误差
二等	9	≤5	≤2	1/120000
三等	5	≤5	≤2	1/80000
四等	2	≤10	≤5	1/45000
一级	1	≤10	≤5	1/20000
二级	<1	≤10	≤5	1/10000

2. 天线安置

天线安置工作的要求主要有：

（1）正常情况下，天线应架设在三脚架上，并安置在标志中心的上方直接对中，天线基座上的圆水准器气泡必须整平。

（2）天线的定向标志线应指向正北，以减弱相位中心偏差的影响。天线的定向误差随定位精度不同而不同，一般不应超过±3°～±5°。

（3）架设天线不应过低，一般应距地面 1m 以上。天线架设好以后，在圆盘天线间隔 120°的 3 个方向分别量取天线高，3 次测量结果之差不应超过 3mm，取其 3 次结果的平均值记入测量观测手簿中，天线高记录取位到 0.001m。

3. 开机观测

天线安置完成后，在离天线适当位置的地面上安放 GPS 接收机，接通接收机与电源、天线、控制器的连接电缆，即可启动接收机进行观测。

在外业观测过程中，仪器操作人员应注意以下事项：

（1）当确认外接电源电缆及天线等各项连接完全无误后，方可以接通电源，启动接收机。

（2）开机后，接收机有关指示正常并通过自检后，方能输入有关测站和时段控制信息。

（3）接收机在开始记录数据后，应注意查看有关观测卫星数量、卫星号、相位测量残差实时定位结果及其变化、存储介质记录等情况。GB/T 18314—2009 规定的 B、C、D、E 级GPS 网观测的基本技术规定见表 6-3；GJJ/T 73—2010 规定的 GNSS 测量各等级作业的基本技术要求见表 6-4。

（4）在正常情况下，一个时段观测过程中不允许以下操作：关闭又重新启动、进行自测试、改变卫星高度角、改变天线位置、改变数据采样间隔、按动关闭文件和删除文件等功能。

（5）每一观测时段中，气象元素一般应在始、中、末各观测记录一次，当时段较长时可以适当增加观测次数。

表 6-3　　GB/T 18314—2009 规定的 B、C、D、E 级
GPS 网观测基本技术要求

项　　目	等　　级			
	B	C	D	E
卫星高度角/(°)	10	15	15	15
同时观测有效卫星数	≥4	≥4	≥4	≥4
有效观测卫星总数	≥20	≥6	≥4	≥4
观测时段数	≥3	≥2	≥1.6	≥1.6
时段长度	≥23h	≥4h	≥60min	≥40min
采样间隔/s	30	10～30	5～15	5～15

表 6-4　　GJJ/T 73—2010 规定的 GNSS 测量各
等级静态作业的基本技术要求

项　　目	等　　级				
	二等	三等	四等	一级	二级
卫星高度角/(°)	≥15	≥15	≥15	≥15	≥15
有效观测同类卫星	≥4	≥4	≥4	≥4	≥4
平均重复设站数	≥2.0	≥2.0	≥1.6	≥1.6	≥1.6
时段长度/min	≥90	≥60	≥45	≥45	≥45
数据采样间隔/s	10～30	10～30	10～30	10～30	10～30
PDOP 值	<6	<6	<6	<6	<6

（6）观测过程中要特别注意供电情况,除在出测前认真
检查电池容量是否充足外,作业中观测人员不要远离接收
机,听到仪器低电压报警要及时予以处理,否则可能会造成
仪器内部数据的破坏或丢失。

（7）仪器高一定要按规定在始、末各量测一次,并及时输
入仪器和记入测量观测手簿。

（8）在观测过程中不要靠近接收机使用对讲机;雷雨季
节架设天线要防止雷击,雷雨过境时应关机停测,并卸下
天线。

（9）测站的全部预定作业项目均应完成且记录与资料
完整无误后方可迁站。

（10）观测过程中要随时查看仪器内存或硬盘容量，每日观测结束后，应及时将数据导入计算机硬盘上，确保数据不丢失。

四、数据处理

数据处理主要借助相应的 GPS 数据处理软件。各种软件的操作不同。但数据处理的主要步骤基本一样，一般情况下可分为以下几步：

（1）GPS 数据的预处理，分析和评价观测数据的质量。

（2）基线解算。

（3）网平差。

（4）输出成果。

第七章

直 线 定 向

第一节　直线定向概述

一、直线定向概述

1. 直线定向概念

在测量工作中,确定某直线与标准方向线间水平角度关系的工作,称为直线定向。

2. 标准方向线

标准方向,也称为基准方向或起始方向。测量中,常用的标准方向有三种:真子午线、磁子午线、坐标纵轴。

(1) 真子午线:通过地球表面上某点的真子午线的切线方向,称为该点的真子午线方向(也称真北方向)。真子午线方向可以用天文观测的方法或陀螺经纬仪来测定。

(2) 磁子午线:通过地球表面上某点的磁子午线的切线方向,称为该点的磁子午线方向(也称磁北方向)。磁子午线方向可以用罗盘仪来测定,磁针在地球磁场的作用下自由静止时所指的方向即为磁子午线方向。

(3) 坐标纵轴:在高斯平面直角坐标系中,每一投影带中的中央子午线的投影,称为坐标纵轴方向,即 X 轴方向。在同一投影带中,平行于高斯平面直角坐标系 X 坐标轴的方向,称为坐标纵线(也称轴北方向)。

通常,地球表面上某一点的三个标准方向并不重合,彼此间形成一定夹角,如图 7-1 所示。

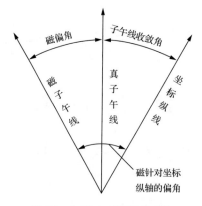

图 7-1 "三北方向"间的关系图

3. 坐标方位角的概念

测量工作中,常用方位角来表示直线的方向。根据所选的标准方向不同,方位角又分为真方位角、磁方位角和坐标方位角三种。小区域的测量及计算中,使用较为频繁的是坐标方位角。

从坐标纵轴的北端开始顺时针方向量到某直线的水平角,称为该直线的坐标方位角。一般用 α 表示,其角值范围是 $0° \sim 360°$。如图 7-2 所示,α_{AB}、α_{BA} 分别为直线 AB、BA 的坐标方位角。

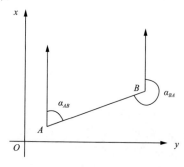

图 7-2 坐标方位角示意图

二、坐标方位角的推算

1. 正、反坐标方位角

测量工作中的直线都是具有一定方向性的。如图 7-2 所示，就直线 AB 而言，通过 A 点坐标纵轴定义的坐标方位角 α_{AB} 称为直线 AB 的正坐标方位角，而通过 B 点坐标纵轴定义的坐标方位角 α_{BA} 称为直线 AB 的反坐标方位角。正、反坐标方位角的概念是相对的。

由于坐标轴北方向都是相互平行的，所以同一条直线的正、反坐标方位角互差 $180°$，即

$$\alpha_{AB} = \alpha_{BA} \pm 180° \tag{7-1}$$

计算时，当 $\alpha_{BA} > 180°$ 时，"±"中取"－"号；当 $\alpha_{BA} \leqslant 180°$ 时，"±"中取"＋"号。实际计算中，也可直接采用 $\alpha_{AB} = \alpha_{BA} + 180°$，而当计算结果大于 $360°$ 时，则人为减去 $360°$。

【**例 7-1**】 已知直线 AB 的坐标方位角 $\alpha_{AB} = 235°$，试计算直线 BA 的坐标方位角 α_{BA}？

解法一：因为 $\alpha_{AB} = 235° > 180°$

所以，$\alpha_{BA} = \alpha_{AB} - 180° = 55°$

解法二：$\alpha_{BA} = \alpha_{AB} + 180° = 415°$

即 $\alpha_{BA} = \alpha_{AB} - 360° = 55°$

2. 坐标方位角的推算

在测量工作中，通常只测定起始边的坐标方位角，而其他各边的坐标方位角是根据相邻边的已知方位角，及该边与相邻边间的观测水平角来进行推算的。

如图 7-3 所示，折线 1－2－3－4－5 所夹的水平角分别为 $\beta_{2左}$、$\beta_{3左}$、$\beta_{4左}$。在推算时，水平角 β 有左角和右角之分，沿

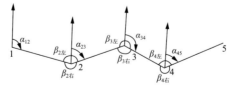

图 7-3 方位角推算

路线前进方向左侧的水平角称为左角,而沿路线前进方向右侧的水平角称为右角。

(1)相邻两条边坐标方位角的推算:设 α_{12} 为已知方位角,各转折角 β_i 均为左角,则

$$\alpha_{23} = \alpha_{12} + \beta_2 + 180° \qquad (7-2)$$

当 α_{23} 计算结果超过 360°时,则人为减去 360°,以使 α_{23} 符合坐标方位角的取值范围。

同理有:

$$\alpha_{34} = \alpha_{23} + \beta_3 + 180° \qquad (7-3)$$

$$\alpha_{45} = \alpha_{34} + \beta_4 + 180° \qquad (7-4)$$

一般,坐标方位角通用推算式为

$$\alpha_{i(i+1)} = \alpha_{(i-1)i} + \beta_i + 180° \qquad (7-5)$$

即前一边的坐标方位角等于后一边的坐标方位角加上左角,再加上 180°。

(2)任意边坐标方位角的推算:由已知的坐标方位角推算任一边的坐标方位角时,需要考虑实际涉及多少个转折角(仍以左角为例),根据上述各公式分析,可得

$$\alpha_终 = \alpha_始 + \sum\beta + n \times 180° \qquad (7-6)$$

式中: $\alpha_终$——推算边的坐标方位角;

$\alpha_始$——起始边的坐标方位角;

β——推算路线转折点的左角;

n——转折角个数。

需要注意的是, $\alpha_终$ 的计算结果仍应该减去若干个 360°,以使 $\alpha_终$ 符合坐标方位角的取值范围。

【例 7-2】 在图 7-3 中,已知 $\alpha_{12} = 100°$, $\beta_{2左} = 110°$, $\beta_{3左} = 240°$、 $\beta_{4左} = 120°$,试求 α_{45}。

解法一:

$$\alpha_{23} = \alpha_{12} + \beta_2 + 180° = 390°$$

即: $\alpha_{23} = 30°$

$$\alpha_{34} = \alpha_{23} + \beta_3 + 180° = 450°$$

即：$\alpha_{34} = 90°$

$$\alpha_{45} = \alpha_{34} + \beta_4 + 180° = 390°$$

即：$\alpha_{45} = 30°$

解法二：

$$\alpha_{45} = \alpha_{12} + \sum\beta + 3 \times 180° = 1110°$$

即：$\alpha_{45} = 30°$

第二节　坐标正、反算

一、坐标正算

根据直线起点的坐标、直线边的水平距离及直线边的坐标方位角来计算直线终点的坐标，称为坐标正算。

如图 7-4 所示，已知直线 AB 的起点 A 的坐标 (x_A, y_A)，A、B 两点间水平距离 D_{AB}，AB 边的坐标方位角 α_{AB}，现要求计算直线 AB 的终点 B 的坐标 (x_B, y_B)。

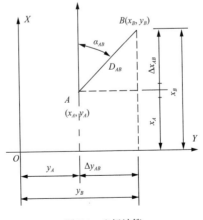

图 7-4　坐标计算

B 点的坐标可以用下列公式进行计算：

$$x_B = x_A + \Delta x_{AB}$$
$$y_B = y_A + \Delta y_{AB} \qquad (7\text{-}7)$$

式中：Δx_{AB}、Δy_{AB} ——分别称为 A 点至 B 点的纵坐标增量、横坐标增量。

而

$$\Delta x_{AB} = D_{AB}\cos\alpha_{AB}$$
$$\Delta y_{AB} = D_{AB}\sin\alpha_{AB} \qquad (7\text{-}8)$$

B 点坐标完整计算式也可写为

$$x_B = x_A + \Delta x_{AB} = x_A + D_{AB}\cos\alpha_{AB}$$
$$y_B = y_A + \Delta y_{AB} = y_A + D_{AB}\sin\alpha_{AB} \qquad (7\text{-}9)$$

【例 7-3】 已知 A 点的坐标为 $(523.45\text{m}, 748.36\text{m})$，$AB$ 边的边长为 90.56m，AB 边的坐标方位角为 $40°30'$，试求 B 点的坐标。

解： $x_B = 523.45 + 90.56\cos40°30' = 592.31(\text{m})$

$y_B = 748.36 + 90.56\sin40°30' = 807.17(\text{m})$

二、坐标反算

根据直线始点和终点的直角坐标来计算直线边的水平距离和直线边的坐标方位角，称为坐标反算。

如图 7-4 所示，已知 A 点的坐标 (x_A, y_A)、B 点的坐标 (x_B, y_B)，现要求计算直线边水平距离 D_{AB} 及直线边坐标方位角 α_{AB}。其计算公式分别为

$$D_{AB} = \sqrt{\Delta x_{AB}^2 + \Delta y_{AB}^2} = \sqrt{(x_B - x_A)^2 + (y_B - y_A)^2} \qquad (7\text{-}10)$$

$$\alpha = \left| \arctan\frac{\Delta y_{AB}}{\Delta x_{AB}} \right| = \left| \arctan\frac{y_B - y_A}{x_B - x_A} \right| \qquad (7\text{-}11)$$

值得注意的是，公式(7-11)所计算的 α 并不是直线 AB 的实际坐标方位角 α_{AB}。而 α_{AB} 需要根据 Δx_{AB}、Δy_{AB} 的正、负号以决定直线边实际所处的象限不同再采取不同的公式进行计算，如表 7-1 所示。

表 7-1		α_{AB} 的计算表	
Δx_{AB}	Δy_{AB}	直线所在象限	α_{AB} 计算
+	+	一	$\alpha_{AB} = \alpha$
−	+	二	$\alpha_{AB} = 180° − \alpha$
−	−	三	$\alpha_{AB} = 180° + \alpha$
+	−	四	$\alpha_{AB} = 360° − \alpha$

【例 7-4】 已知直线 AB 的 A 点坐标为(1536.86m，837.54m)，B 点坐标为(1429.55m，772.73m)，试求直线 AB 间的水平距离 D_{AB} 及直线 AB 的坐标方位角 α_{AB}？

解：计算坐标增量：

$$\Delta x_{AB} = 1429.55 − 1536.86 = −107.31(\text{m})$$

$$\Delta y_{AB} = 772.73 − 837.54 = −64.81(\text{m})$$

有

$$D_{AB} = \sqrt{\Delta x_{AB}^2 + \Delta y_{AB}^2} = \sqrt{(−107.31)^2 + (−64.81)^2}$$
$$= 125.36(\text{m})$$

$$\alpha = \left| \arctan \frac{\Delta y_{AB}}{\Delta x_{AB}} \right| = \left| \arctan \frac{−64.81}{−107.31} \right| = 31°07'48''$$

因为 $\Delta x_{AB} < 0$，$\Delta y_{AB} < 0$，说明直线应在第三象限，则：

$$\alpha_{AB} = 180° + \alpha = 180° + 31°07'48'' = 211°07'48''$$

第三节　罗盘仪及其使用

一、罗盘仪的构造

罗盘仪是主要用来测定直线磁方位角的一种测量仪器，其构造主要是由磁针、刻度盘和望远镜三部分构成。图 7-5 所示是方位罗盘仪的一种。

磁针是由磁铁制成，磁针位于刻度盘中心的顶针上，磁针自由静止时，磁针就指向地球磁南磁北方向，即过测站点的磁子午线方向。考虑到我国位于地球的北半球，磁针受磁力的影响而易产生磁倾角，因此常在磁针南端缠绕细铜丝以

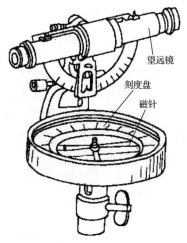

望远镜

刻度盘

磁针

图 7-5 罗盘仪

保证罗盘仪在水平时磁针能处于水平状态。

罗盘仪的刻度盘按逆时针方向由 0°~360°刻划，最小分划为 1°或 30′，每 10°有一注记，如图 7-6 所示。罗盘仪内装有两个相互垂直的长水准器，用于整平罗盘仪。

望远镜位于刻度盘刻划线 0°与 180°线的上面，其视准轴正好与 0°与 180°的连线相一致。

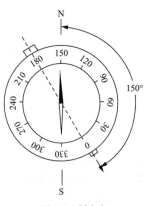

图 7-6 刻度盘

二、用罗盘仪测定直线磁方位角的方法

如图 7-7 所示,用罗盘仪测定直线磁方位角的具体步骤为:

(1) 安置罗盘仪:在直线一端点采用垂球对中方法,使罗盘仪刻度盘中心与测站点处于同一铅垂线上;松开罗盘仪刻度盘的固定螺丝,待罗盘仪两个水准管气泡居中时拧紧罗盘仪刻度盘的固定螺丝。

(2) 照准目标:用望远镜瞄准直线另外一个端点,松开磁针固定螺丝使磁针处于自由状态。

(3) 读取数据:磁针静止后,利用磁针北端读数,即为该直线的磁方位角。如图 7-6 所示,北端读数为 150°。

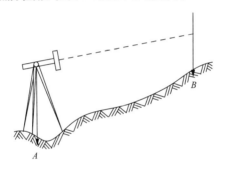

图 7-7　罗盘仪测定磁方位角

三、使用罗盘仪时的注意事项

(1) 罗盘仪使用时,应避开铁器、高压线、磁场等物质。

(2) 罗盘仪须置平,磁针方能自由转动。

(3) 观测结束后,必须旋紧磁针固定螺丝,将磁针顶起,以避免磁针受到不必要的磨损。

第八章

大比例尺地形图的应用

第一节 地形图应用的基本内容

一、确定图上点位的平面直角坐标

如图 8-1 所示，欲确定 A 点的平面直角坐标，可以通过从 A 点作平行于直角坐标格网的直线，分别交格网线于 p、q、f、g 点。用比例尺（或直尺）量出 ap 和 af 两段实地距离，则 A 点的平面直角坐标为

$$x_A = x_a + ap \tag{8-1}$$

$$y_A = y_a + af \tag{8-2}$$

式中：x_a, y_a ——格网点 a 的平面直角坐标。

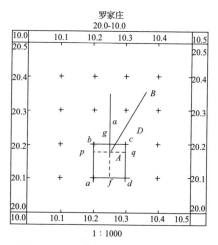

图 8-1　图上量测点的坐标、距离、方位角

实际工作中,考虑到图纸伸缩变形带来的误差,则需要用直尺量取格网边长度 ab、ad。若格网边的理论长度为 l,则 A 点的平面直角坐标计算式为

$$x_A = x_a + \frac{ap}{ab} \times l \qquad (8\text{-}3)$$

$$y_A = y_a + \frac{af}{ad} \times l \qquad (8\text{-}4)$$

二、确定图上两点间水平距离

如图 8-1 所示,欲确定 A、B 两点间的水平距离,可以采用以下方法:

1. 图解法

当精度要求不高时,用比例尺或直尺直接从图上量取 AB 的长度。当使用直尺时,注意将量测的图上距离通过测图比例尺换算成实地水平距离。设图上量取 AB 的长度为 d,则对应的实地水平距离 D_{AB} 为

$$D_{AB} = d \times M \qquad (8\text{-}5)$$

式中:M——地形图比例尺分母。

为了消除图纸的伸缩变形给量测距离带来的误差,还可以通过格网长度的变化以求出两点间的实际水平距离。

2. 解析法

根据地形图确定 A、B 两点平面直角坐标 (x_A, y_A)、(x_B, y_B),利用坐标反算公式计算出两点间实地水平距离 D_{AB},即

$$D_{AB} = \sqrt{(x_B - x_A)^2 + (y_B - y_A)^2} \qquad (8\text{-}6)$$

三、确定图上直线的坐标方位角

如图 8-1 所示,欲确定 AB 直线的坐标方位角,可以采用以下方法:

1. 图解法

当精度要求不高时,在图上过 A 点作一条平行于坐标纵线的直线,然后用量角器直接量取坐标方位角 α_{AB}。

2. 解析法

根据地形图确定 A、B 两点平面直角坐标 (x_A, y_A)、(x_B, y_B)，利用坐标反算公式计算出 AB 直线的坐标方位角 α_{AB}，即

$$\alpha_{AB} = \arctan \frac{y_B - y_A}{x_B - x_A} \tag{8-7}$$

四、确定图上点位的高程

确定地形图上某一点的高程，主要是根据等高线及高程标记来确定。

1. 求等高线上点的高程

如果地面点恰好位于某一等高线上，则根据等高线的高程注记和基本等高距，便可直接确定该点高程。如图 8-2 所示，A 点正好位于等高线上，那么 A 点的高程应该为该条等高线的高程，即 A 点的高程为 102m。

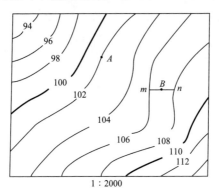

图 8-2 图上量测点的高程

2. 求等高线间点的高程

当地面点位于两条等高线之间时，可根据相邻两条等高线的高程按比例内插方法确定该点的高程。如图 8-2 所示，B 点位于 106m、108m 两条等高线之间，过 B 点作垂直于相邻两等高线的线段 mn，分别从图上量取 mB、mn 的长度，则 B 点高程 H_B 为

$$H_B = H_m + \frac{mB}{mn} \times h \qquad (8\text{-}8)$$

式中：H_m——m 点的高程；

h——该地形图基本等高距。

如果高程量测精度要求不高时，也可以依照比例内插原理采用目估方法确定图上点的高程。

3. 求两点间的高差

如果要求从图上确定两点间的高差，则可在采用上述方法确定两点的高程后，按照高差计算公式计算两点间的高差 h_{AB}，即

$$h_{AB} = H_B - H_A \qquad (8\text{-}9)$$

五、确定图上两点间直线的坡度

地面上两点间直线的坡度，是指直线两端点的高差与水平距离之比。

如图 8-2 所示，欲求 A、B 两点之间的地面坡度，应先分别量测出两点的高程 H_A、H_B，以及两点间水平距离 D_{AB}，然后计算两点间高差 $h_{AB} = H_B - H_A$，再按下式计算该直线的坡度 i，即

$$i = \frac{h_{AB}}{D_{AB}} \qquad (8\text{-}10)$$

坡度常以百分率或千分率表示，"＋"表示上坡方向，"－"表示下坡方向。当地面两点间穿过的等高线平距不等时，计算的坡度则为地面两点平均坡度。当两点间的地面坡度一致即无高低起伏时，所计算出的坡度值即表示这条直线方向上的地面坡度值。

直线的坡度角 α_{AB} 为

$$\alpha_{AB} = \arctan \frac{h_{AB}}{D_{AB}} \qquad (8\text{-}11)$$

此外，也可以利用地形图上的坡度尺求取地面坡度。

第二节　地形图在水利水电工程
建设中的应用

一、水利水电工程建设各阶段地形图的应用

我国水利资源丰富，河川纵横，湖泊星罗棋布，除了内陆河川的水利资源外，蜿蜒数千里的海岸线也蕴藏着大量的潮汐资源。由于水资源在地区、年际和年内分配的不均匀性，枯水季节出现干旱、洪水季节又因水量过多而时常发生洪涝灾害。因此，修建水利工程十分重要。

对于一条河流或者一个水系工程项目而言，首先应该有一个综合开发利用的全面规划，对全流域提出规划报告，确定河流的梯级开发方案，拟定开发方式，合理选择枢纽位置分布，使其在发电、航运、防洪、灌溉等方面都能发挥最大效益。在进行流域规划时，一般应采用 1:50000 或 1:100000 的整个流域范围内的地形图，以及水面与河底的纵横断面图。在进行梯级布置时，不仅需要在地形图上确定合适的位置，还应确定各水库的正常高水位；不仅要考虑国民经济发展的因素，还要考虑流域地形、地质、水文等一系列其他因素。

对于水利枢纽工程，水库是重要组成部分，而水库建设的核心是大坝建设。为此，可利用地形图并结合实地地形与地质条件进行选择比较，以确定坝址。在进行水库设计时，一般要利用 1:10000～1:50000 的地形图。主要是为了解决下列问题：确定各级水库的淹没情况及库容；计算有效库容；设计库岸的防护工程等；确定沿库岸落入临时淹没或永久淹没地区的城镇、工矿企业及重要耕地，并拟定防护工程措施；设计航道及码头的位置；选定库底清理、居民迁移以及交通线改建等的规划。当然，在解决这些问题时对地形图的要求也不完全一致，如计算库容需要在整个库区范围内精度统一的地形图，防护工程等则需要在局部有较高精度的地形资料。

在初步设计阶段，除了库区的地形图以外，在可能布设

枢纽工程的地区，还应有比例尺为 1∶10000～1∶25000 的地形图，以便正确选择坝轴线的位置。坝轴线选定以后，在规划的枢纽布设地区，通过比例尺 1∶2000 或 1∶5000 的地形图研究下面几类建筑物的布设方案：①主要的永久性建筑物及灌溉渠道、船闸等；②水利枢纽各种临时性的辅助建筑物——围堰、临时性土方工程用的取料坑；③长期及临时性的铁路专用线、公路及输电线；④施工期间所需要的附属企业；⑤长期或临时的工人住宅区等。

在各施工阶段，常采用 1∶1000 的地形图以对工程各部分的位置尺寸进行详细设计。如对于港口码头的设计，在初步设计阶段，需要比例尺为 1∶1000～1∶2000 的陆上地形图与水下地形图，以便布设仓库、码头及其他的附属建筑物，并进行方案比较；在施工阶段，宜采用 1∶500 或 1∶1000 的地形图，以便进一步精确确定建筑物的位置与尺寸。

对于其他工程，如桥梁、山岭隧道、建筑工程等，一般在初始规划阶段是以 1∶10000 左右比例尺地形图为基础依据，结合实地地形地貌选择合适的几种方案，经比较选出其中最有价值的一种；在初步设计阶段，以 1∶5000 左右比例尺地形图为依据进行详细设计；而在施工阶段，常以 1∶1000 左右比例尺地形图为基础，进行放样定线工作。

二、按一定方向绘制断面图

断面图是指沿某一指定方向描绘的地面起伏状态的竖直剖面图。

在许多线路工程设计中，为了进行填挖土(石)方量的概算，以及合理地确定线路的纵坡等，都需要了解沿线路方向的地面起伏情况。断面图可以在实地通过各种测量仪器直接进行测绘，也可利用现有地形图进行绘制。

当利用已有地形图绘制断面图时，应先确定断面图水平方向和垂直方向的比例尺。通常，水平方向即为线路方向，所采用比例尺与所用地形图比例尺相同；垂直方向即为高程方向，所采用比例尺要比水平方向比例尺大 10 倍或 20 倍，以明显表示地形起伏状况。

如图 8-3(a)所示，欲沿地形图上 MN 方向绘制断面图，方法如下：

(1) 首先在图纸(或坐标纸)上绘制直角坐标系。以横轴表示水平距离，横轴起点从 M 点开始；以纵轴表示高程，高程起始值根据 MN 直线实际高程作出适当选择。如图 8-3(b)所示。

(2) 在纵轴上注明高程，按一定比例尺(常比测图比例尺大 10 倍或 20 倍)根据基本等高距作与横轴平行的高程线。

(3) 在地形图上沿 MN 方向量取断面线与等高线的交点 a、b、c、……点间的距离，按一定的比例尺(常与测图比例尺一致)在横轴上从 M′ 开始量取距离值 Ma、ab、bc、……得 a′、b′、c′、……

(4) 在地形图上量取 a，b，c，…… 点的高程，将各点的高程按高程比例尺画垂线，就得到各点在断面图上的位置。

(5) 将各相邻点用平滑曲线连接起来，即为 MN 方向的断面图。

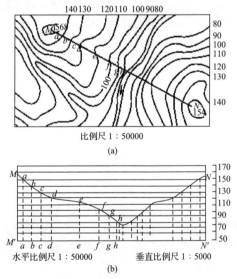

比例尺 1 : 50000

(a)

水平比例尺 1 : 50000　　　　垂直比例尺 1 : 5000

(b)

图 8-3　绘制已知方向纵断面图

三、按限制坡度选择最短路线

在山地或丘陵地区进行道路、管线等线路工程设计中，常常需要根据设计要求先在地形图上按一定坡度进行路线的选择，即选定一条既要满足坡度限制又能使工程量较少、施工费用较低的最短路线。

如图 8-4 所示，地形图的比例尺为 1∶2000，等高距为 1m，要求从 M 点到 N 点选择坡度不超过 4% 的最短路线。具体工作过程如下：

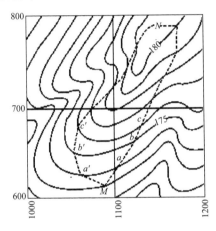

图 8-4　按设计坡度确定最短路线

（1）计算相邻两等高线间的最小平距。相邻两等高线间的最小平距，是根据设计限制坡度、测图比例尺、基本等高距计算的，即

$$d = \frac{h}{i \times M} \qquad (8-12)$$

式中：d——图上计算最小平距；

　　　h——地形图基本等高距；

　　　i——线路设计限制坡度；

　　　M——地形图比例尺分母。

本例中，相邻两等高线间的最小平距为

$$d = \frac{h}{i \times M} = \frac{1}{4\% \times 2000} = 12.5(\text{mm})$$

（2）求最短线路与等高线的交点。用分规卡成 d（如本例中 12.5mm）长，以 M 为圆心，以 d 为半径作弧与相邻等高线交于 a 点；再以 a 点为圆心，以 d 为半径作弧与上一条等高线交于 b 点，依次定出其他各点，直到 N 点附近，即得坡度不大于 4% 的线路。

在该地形图上，用同样的方法还可定出另一条线路 M，a'、b'、…、N，作为比较方案。

（3）选择确定最短线路。在多条线路标定后，主要根据占用耕地、拆迁民房、施工难度及工程费用等因素考虑，以选择较佳的一条作为最后确定的线路。

四、确定汇水面积的边界线及蓄水量的计算

1. 确定汇水面积

在修建交通线路涵洞、桥梁或水库堤坝等工程设计中，常需要确定汇水面积。地面上某区域内雨水注入同一山谷或河流，并通过某一断面，这个区域的面积称为汇水面积。

要确定汇水面积，首先应确定汇水范围。汇水面积的边界线是由一系列山脊线与断面线连接而成的。根据等高线的特性，山脊线是处处与等高线相垂直，且经过一系列山头和鞍部的最高地方，因此，山脊线可以在地形图上直接确定。

如图 8-5 所示，某公路经过山谷地区，欲在 m 处建造涵洞，则注入该山谷且流经 m 处的降雨范围是由山脊线（即分水线）中的高点 a、b、c、d、e、f、g 及公路所围成的区域。

汇水面积的范围确定后，可通过一定的面积量测方法确定汇水面积的大小。

2. 库容计算方法

水库设计时，如果溢洪道或水库正常蓄水位的高程已定，则水库的淹没范围、淹没面积也随之而定。如图 8-5 所示，假定由 a、b、c、d、e、f、g 等点所围成的范围为水库的淹没

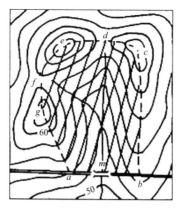

图 8-5　确定汇水面积和库容

范围,其对应淹没面积内的蓄水量即是库容,单位 m³。

　　库容的计算一般采用等高线法。先求出图 8-5 所示蓄水边界内部每条等高线与坝轴线所围成的面积,然后计算每两条相邻等高线间的体积,其总和即是库容。

　　设 $S_1, S_2, S_3, \cdots, S_{n+1}$ 依次为各条等高线和断面线所围成的面积,h 为等高距;设第一条等高线(淹没线)与第二条等高线的高差为 h',第 $(n+1)$ 条等高线(最低一条等高线)与库底最低点间的高差为 h'',则各层体积可分别采用下列公式计算:

$$V_1 = \frac{1}{2}(S_1 + S_2)h' \qquad (8\text{-}13)$$

$$V_i = \frac{1}{2}(S_i + S_{i+1})h \qquad (8\text{-}14)$$

$$V_{n+1} = \frac{1}{3}S_{n+1}h'' \qquad (8\text{-}15)$$

式中:V_i——第 i 条等高线与第 $(i+1)$ 条等高线间的体积。

　　而水库的总库容为

$$V = V_1 + V_2 + \cdots + V_{n+1} \qquad (8\text{-}16)$$

五、在地形图上确定坝体坡脚线

坝体坡脚线是指坝体坡面与自然地面的交线,如图 8-6 所示。在地形图上根据坝轴线位置、坝体高度、坝顶宽度以及坝体坡度等信息绘制坡脚线,有助于设计人员准确判定大坝占地范围以及根据坝体断面图计算坝体土方量等相关工作。通常,确定坝体坡脚线方法如下:

(1)在地形图上绘制坝轴线 AB 位置;

(2)根据坝体宽度及测图比例尺,绘制出坝顶位置 CD 和 EF;

(3)根据坝顶高程、迎水面坡度和背水面坡度,在考虑测图比例尺、地形图基本等高距等情况下,绘制出与地面等高线高程相一致的坝面等高线,使同高程位置的坝面等高线与地面等高线相交;

(4)将坝面等高线与地面等高线的各个交点使用光滑的曲线顺序连接,即为按照坝体设计坡度确定的坝脚线。

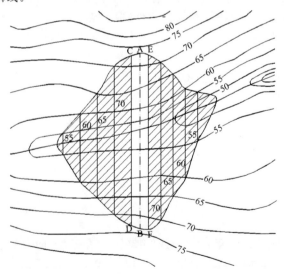

图 8-6 确定坝体坡脚线

第三节　地形图在平整土地中的
应用及土方量计算

按照工程需要,将施工场地自然地表整理成符合一定高程的水平面或一定坡度的倾斜平面,称为平整场地。在平整场地工作中,常需要利用地形图进行填、挖土(石)方量的概算,方格网法是应用最为广泛的一种方法。

一、将场地平整为水平场地

如图8-7所示,现在需要按照填、挖土(石)方量基本平衡的原则将地面平整为某一高程的水平面,其方法和步骤如下:

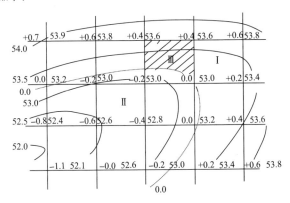

图8-7　平整为水平场地

1. 在地形图上绘制方格网

利用直尺在地形图上绘制一定边长的正方形格网。方格网的边长主要取决于地形的复杂程度、地形图比例尺大小和土石方量估算的精度要求,一般取 10m 或 20m。

2. 确定各方格角点的高程

根据地形图上等高线和其他地形点的高程,采用目估法内插出各方格四个角点的地面高程值,并标注于相应顶点的右上方。

3. 计算设计高程

将每个方格四个角点的地面高程值相加,并除以 4 求得各方格的平均高程;再把每个方格的平均高程相加除以方格总数就得到应平整场地的设计高程。即

$$H_i = \frac{1}{4}(H^{i1} + H^{i2} + H^{i3} + H^{i4}) \qquad (8\text{-}17)$$

式中: H_i——第 i 个方格的平均高程;

H^{i1}、H^{i2}、H^{i3}、H^{i4}——分别为第 i 个方格四个角点的地面高程。

而

$$H_{设} = \frac{1}{n}(H_1 + H_2 + \cdots + H_n) \qquad (8\text{-}18)$$

式中: $H_{设}$——平整场地的设计高程;

n——方格总数。

实际工作中, $H_{设}$ 也可能是根据工程要求直接由设计部门给出。

4. 确定填、挖分界线

根据设计高程 $H_{设}$,在地形图上绘出高程为 $H_{设}$ 的高程线,如图 8-7 中的虚线所示,在此线上的点即为不填又不挖,也就是填、挖分界线,亦称零等高线。

5. 计算各方格网点的填、挖高度

将各方格网点的地面高程减去设计高程 $H_{设}$,可得各方格网点的填、挖高度,并注于相应顶点的左上方,即

$$h = H_{地} - H_{设} \qquad (8\text{-}19)$$

式中: h——"+"表示挖方,为"-"表示填方。

6. 计算各方格的填、挖方量

对于整方格而言,先由该方格四个角点的填高(或挖深)高度按算术平均值原理计算此方格的平均填高(或挖深)高度,再用平均填高(或挖深)高度与方格面积相乘即可求得此方格的填(或挖)土方量。

对于非整方格而言,应由填方(或挖方)实际范围线的几

个角点的填高(或挖深)高度按算术平均值原理计算对应方格的平均填高(或挖深)高度,再用该平均填高(或挖深)高度与非整方格实际填方(或挖方)面积相乘即可求得对应方格的填(或挖)土方量。

以图 8-7 中方格Ⅰ、Ⅱ、Ⅲ为例,说明各方格的填、挖方量计算方法。

方格Ⅰ的挖方量:$V_1 = \dfrac{1}{4}(0.4+0.6+0+0.2) \times S = 0.3S$

方格Ⅱ的填方量:$V_2 = \dfrac{1}{4}(-0.2-0.2-0.6-0.4) \times S = -0.35S$

方格Ⅲ中既有挖方量,又有填方量。其中,挖方为

$$V_{3挖} = \frac{1}{4}(0.4+0.4+0+0)S_{3挖} = 0.2S_{3挖}$$

而填方量为

$$V_{3填} = \frac{1}{4}(0-0.2-0)S_{3填} = -0.05S_{3填}$$

式中: S——每个方格的实际面积;

$S_{3挖}$、$S_{3填}$——分别为方格Ⅲ中挖方区域和填方区域的实际面积。

7. 计算总的填、挖方量

将所有方格的填方量和挖方量分别求和,即得总的填、挖土石方量。

如果设计高程 $H_设$ 是各方格的平均高程值,则最后计算出来的总填方量和总挖方量应基本相等。

二、将场地平整为倾斜平面

如图 8-8 所示,在保证挖填方量基本平衡的情况下,将自然地面平整成一定坡度 i 的倾斜场地,其方法和步骤如下:

1. 绘制方格网

如图 8-8 所示,根据场地自然地面情况绘制方格网,尽可能使纵横方格网线分别与主坡倾斜方向平行和垂直。这样,

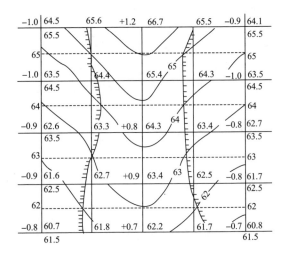

图 8-8　平整为倾斜场地

横格线即为倾斜坡面水平线,纵格线即为设计坡度线。方格网的边长,一般取 10m、20m 或 40m。

2. 确定各方格角点的高程

根据等高线按等比内插法求出各方格角顶的地面高程,标注在相应角顶的右上方。

3. 计算地面平均高程(重心点设计高程)

按前述方法计算地面平均高程。图 8-8 中算得地面的平均高程为 63.5m,标注在中心水平线下两端。

4. 计算斜平面最高点(坡顶线)和最低点(坡底线)的设计高程

斜平面最高点(坡顶线)的设计高程为

$$H_{顶} = H_{设} + iD/2 \qquad (8\text{-}20)$$

式中:D——顶线至底线之间的距离。

而斜平面最低点(坡底线)的设计高程为

$$H_{底} = H_{设} - iD/2 \qquad (8\text{-}21)$$

在图 8-8 中,$i = 10\%$,$D = 40m$,算得 $H_{顶} = 65.5m$,

$H_底 = 61.5m$，分别标注在相应格线的下两端。

5. 确定挖、填分界线

由设计坡度和顶、底线的设计高程按内插法确定与地面等高线高程相同的斜平面水平线的位置，用虚线绘出这些坡面水平线，它们与地面相应等高线的交点即为挖填分界点，并依次连接即为挖填分界线。

6. 计算各方格角顶的设计高程

根据顶、底线的设计高程按内插法计算出各方格角顶的设计高程，标注在相应角顶的右下方。将原来求出的角顶地面实际高程减去它的设计高程，即得挖、填高度，标注在相应角顶的左上方。

7. 计算挖、填方量

计算方法与水平场地平整计算方法相同。

第四节　地形图上面积量算

在规划设计中，常需要在地形图上量算一定轮廓范围内的面积。例如，量测平整土地的填挖面积、厂矿用地面积、渠道与道路工程中的填挖断面面积、汇水面积等，下面介绍几种常用的面积量算方法。

一、透明方格网法

透明方格网法是将绘有单元图形的透明纸蒙在待测图形上，统计落在待测图形轮廓线以内的单元图形个数来计算待测图形面积。

首先，在透明纸上绘出一定边长（如 1mm 或 2mm）的方格网。如图 8-9 所示，小方格的边长为 1mm，则每个小方格的图上面积为 $1mm^2$，而所代表的实际面积则由地形图的比例尺决定。

其次，在量测图上面积时，将透明方格纸蒙在待测图形上，先数出完整小方格数 n_1，再数出图形边缘不完整的小方格数 n_2。

最后，按式(8-22)计算整个图形的实际面积：

$$S = \left(n_1 + \frac{n_2}{2} \right) \times s_{小} \times M^2 \qquad (8\text{-}22)$$

式中：S——待测图形实际面积；

$\quad s_{小}$——每个小方格的图上面积；

$\quad M$——地形图比例尺分母。

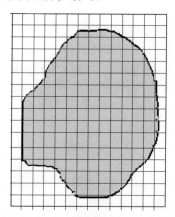

图 8-9　透明方格网法量测面积

值得注意的是，在面积的计算过程中应该把握面积单位的换算。

二、平行线法

平行线法是将绘有平行线的透明纸蒙在待测图形上（也可在待测图形上直接绘制平行线），通过确定平行线间的条块面积以计算待测图形面积。

如图 8-10 所示，待测图形被平行线分割成若干个等高的长条，每个长条的面积可以按照梯形公式计算。例如，图中绘有斜线的条块面积 s_i 可以用量测的中位线（虚线）长度 d_i 与设计高度 h 的乘积来计算，也可以用量测的上底和下底长度的平均值与设计高度 h 的乘积来计算。而待测图形的总面积为

$$S = \sum s_i = h \sum d_i \qquad (8\text{-}23)$$

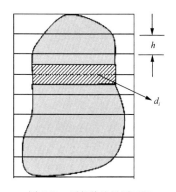

图 8-10　平行线法量测面积

三、坐标计算法

坐标计算法是根据多边形顶点的坐标值来计算待测图形面积。

如图 8-11 所示,待测图形为任意多边形,且各顶点的坐标 (x_i, y_i) 已知,则可以利用坐标计算法精确求算该图形的面积 S。即

$$S = \frac{1}{2} \sum_1^n x_i (y_{i+1} - y_{i-1}) \qquad (8-24)$$

或

$$S = \frac{1}{2} \sum_1^n y_i (x_{i+1} - x_{i-1}) \qquad (8-25)$$

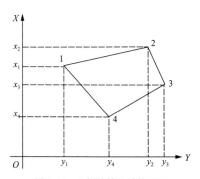

图 8-11　坐标计算法计算面积

计算时,多边形各顶点按顺时针方向编号,且 $y_{n+1} = y_1$,$y_0 = y_n$ 或 $x_{n+1} = x_1$、$x_0 = x_n$。

四、几何图形法

几何图形法,也简称为图解法,是将待测图形划分为若干个简单的几何图形(如三角形、矩形、梯形等),通过确定分解图形的面积后以计算待测图形面积。

如图8-12所示,可将待测图形划分为若干个三角形、梯形等简单图形,然后用比例尺量取简单图形面积计算中所需的元素(长、宽、高等),在求出各个简单几何图形的面积后,再汇总出待测图形的面积。

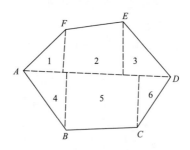

图8-12　几何图形法量测面积

几何图形法适用于规则的待测图形,也可用于不规则的待测图形(如图形范围线为曲线时,可以近似地用直线连接成多边形),但需要注意以下几点:

(1)将多边形划分为三角形,面积量算的精度最高,其次为梯形、长方形;

(2)划分为三角形以外的几何图形时,尽量使它的图形个数最少,线段最长,以减小误差;

(3)划分几何图形时,尽量使底与高之比接近1∶1(使梯形的中位线接近于高);

(4)如图形的某些线段有实量数据,则应首先利用实量数据;

(5)为了进行校核和提高面积量算的精度,要求对同一几何图形量取两组面积计算要素,当两次量算面积之差在容许范围内,方可取其平均值作为最终结果。

五、求积仪法

电子求积仪是一种用来测定任意形状图形面积的仪器,如图 8-13 所示。

图 8-13　电子求积仪

在地形图上求取图形面积时,先在求积仪的面板上设置地形图的比例尺和使用单位,再利用求积仪一端的跟踪透镜的十字中心点绕图形一周来求算面积。电子求积仪具有自动显示量测面积结果、储存测得的数据、计算周围边长、数据打印、边界自动闭合等功能,计算精度可以达到 0.2%。同时,具备各种计量单位,例如,公制、英制,有计算功能,当数据量溢出时会自动移位处理。由于采用了 RS-232 接口,可以直接与计算机相连进行数据管理和处理。

为了保证量测面积的精度和可靠性,应将图纸平整地固定在图板或桌面上。当需要测量的面积较大,可以采取将大面积划分为若干块小面积的方法,分别求这些小面积,最后把量测结果加起来。也可以在待测的大面积内画出一个或若干个规则图形(四边形、三角形、圆形等),用解析法求算面积,剩下的边、角小块面积用求积仪求取。

大比例地形图应用要点

★进行流域规划时，一般应采用1：50000或1：100000的整个流域范围内的地形图，以及水面与河底的纵横断面图；

★水库设计时，一般要利用1：10000～1：50000的地形图；

★掌握利用地形图面积量算和挖方量，库容的计算方法。

第九章

施工测量的基本知识

第一节　施工测量概述

一、施工测量概念

施工测量，也称为测设或放样，是根据建筑物的设计尺寸，找出建筑物各部分特征点与控制点之间的几何关系，计算出距离、角度、高程（或高差）等放样数据，然后利用控制点在实地上定出建筑物的特征点、线，作为施工的依据。其目的是将图纸上设计的建筑物（或构筑物）的平面位置和高程位置标定在施工现场的地面上，并在施工过程中指导施工，使工程严格按照设计的要求进行建设。

施工测量工作过程与测图工作过程大体相反。

二、施工测量特点

1. 施工测量精度要求较测图精度要求高

测图的精度取决于测图比例尺大小，而施工测量的精度则与建筑物的大小、结构形式、建筑材料以及放样点的位置有关。例如，高层建筑测设的精度要求高于低层建筑；钢筋混凝土结构的工程测设精度高于砖混结构工程；钢架结构的测设精度要求更高；建筑物本身的细部点测设精度比建筑物主轴线点的测设精度要求高。因为建筑物主轴线测设误差只影响到建筑物的微小偏移，而建筑物各部分之间的位置和尺寸，设计上有严格要求，破坏了相对位置和尺寸就会造成工程事故。

2. 施工测量与施工过程密不可分

施工测量贯穿于整个施工过程中，是施工的重要组成部分。放样的结果是实地上的标桩，是施工的依据，如果放样出错而没有及时发现纠正，将会造成极大的损失。当工地上有好几个工作面同时开工时，正确的放样是保证它们衔接成整体的重要条件。施工测量的进度与精度直接影响着施工的进度和施工质量。因此，要求施工测量人员在放样前应熟悉建筑物总体布置和各个建筑物的结构设计图，并要检查和校核设计图上轴线间的距离和各部位高程注记。在施工过程中对主要部位的测设一定要进行校核，检查无误后方可施工。有些如高层楼房、水库大坝等高大和特殊建筑物，在施工期间和建成以后还要进行变形观测，以便控制施工进度，积累资料，掌握规律，为工程严格按设计要求施工、维护和使用提供保障。

三、施工测量原则

由于施工测量的要求精度较高，施工现场各种建筑物的分布面广，且往往同时开工兴建，所以，为了保证各建筑物测设的平面位置和高程都有相同的精度并且符合设计要求，施工测量和测绘地形图一样，也必须遵循"由整体到局部、先高级后低级、先控制后细部"的原则组织实施。对于大中型工程的施工测量，要先在施工区域内布设施工控制网，而且要求布设成两级即首级控制网和加密控制网。首级控制点相对固定，布设在施工场地周围不受施工干扰、地质条件良好的地方。加密控制点直接用于测设建筑物的轴线和细部点。不论是平面控制还是高程控制，在测设细部点时要求一站到位，减少误差的累计。

第二节　测设的基本工作

一、已知水平距离的测设

1. 一般方法

当放样要求精度不高时，放样可以从已知点开始，沿给定的方向量出设计给定的水平距离，在终点处打一木桩，并在桩顶标出测设的方向线。然后，仔细量出给定的水平距离,对准读数在桩顶画一垂直测设方向的短线,两线相交即为要放的点位。

为了校核和提高放样精度,以测设的点位为起点向已知点返测水平距离,若返测距离与给定距离有误差,且相对误差超过允许值时,须重新放样。若相对误差在容许范围内,可取两者的平均值,用设计距离与平均值的差的一半作为改正数,改正测设点位的位置,即得到正确的点位。

如图 9-1 所示,A 点为已知控制点,欲沿 AB 方向放样 B 点平面位置。设 AB 的设计水平距离为 28.500m,放样精度要求为 1/2000。

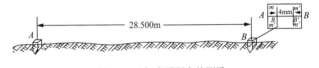

图 9-1 已知水平距离的测设

具体的放样方法与步骤如下:

(1) 以 A 点为起点,沿放样方向 AB 量取水平距离 28.500m 后打一木桩,并在桩顶标出方向线 AB。

(2) 再把钢尺零点对准 A 点,水平拉直钢尺并对准 28.500m 处,在桩上画出与 AB 方向线垂直的短线 $m'n'$,交方向线于 B' 点。

(3) 进行校核,若返测 $B'A$ 得水平距离为 28.508m。$\Delta D = 28.500 - 28.508 = -0.008 (m)$。

相对误差 $= \dfrac{0.008}{28.5} \approx \dfrac{1}{3560} < \dfrac{1}{2000}$,测设精度符合要求。

改正数 $= \dfrac{\Delta D}{2} = -0.004 (m)$。

(4) $m'n'$ 垂直向内平移 4mm 得 mn 短线,其与方向线的交点即为欲测设的 B 点。

2. 精确方法

当放样距离要求精度较高时,就必须考虑尺长、温度、倾斜等对距离放样的影响。放样时,要进行尺长、温度和倾斜改正。

如图 9-2 所示,设 D_0 为欲测设的设计水平距离。在按照一般方法放样 B 点的大致位置后,实测斜距 D、高差 h、温度 t,根据所使用钢尺的尺长方程式计算尺长改正、温度改正,根据高差计算倾斜改正,则 D 的改正数 ΔD 应为

$$\Delta D = D_0 - (D + \Delta D_l + \Delta D_t + \Delta D_h) \qquad (9\text{-}1)$$

式中:ΔD_l——尺长改正数;

$\quad\quad \Delta D_t$——温度改正数;

$\quad\quad \Delta D_h$——倾斜改正数。

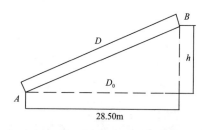

图 9-2　精确方法测设距离示意图

当 ΔD 计算出来后,在木桩顶上沿 AB 方向线向里或向外改正测设点位的位置,即可得到正确的点位。

3. 用测距仪测设水平距离

用光电测距仪进行已知水平距离放样时,可先在欲测设方向上目测安置反射棱镜,用测距仪测出水平距离 D,若 D 与欲测设的设计水平距离 D_0 相差 ΔD,则可前后移动反射棱镜,直至测出的水平距离等于 D_0 为止。如测距仪有自动跟踪功能,可对反射棱镜进行跟踪,直到显示的水平距离为设计长度即可。

二、已知水平角的测设

在地面上测设已知水平角时,一般先知道角度的一个方向,然后需要在地面上测设另一个方向线并标定下来。

1. 一般方法

如图 9-3 所示,设在地面上已有一方向线 QA,欲在 O 点

测设另一方向线 OB，使 $\angle AOB = \beta$。可将经纬仪安置在 O 点上，在盘左位置，用望远镜瞄准 A 点，使度盘读数为 $0°00'00''$，然后转动照准部，使度盘读数为 β，在视线方向上定出 B_1 点。再倒转望远镜变为盘右位置，重复上述步骤，在地面上定出 B_2。B_1 与 B_2 往往不相重合，取两点连线的中点 B，则 OB 即为所测设的方向，$\angle AOB$ 就是要测设的水平角 β。

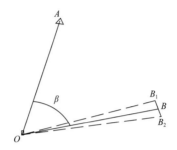

图 9-3　水平角测设的一般方法

2. 精确方法

当测设精度要求较高时，可采用多测回和垂距改正法来提高放样精度。如图 9-4 所示，其方法与步骤是：

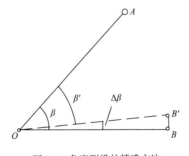

图 9-4　角度测设的精确方法

（1）在 O 点根据已知方向线 OA，精确地测设 $\angle AOB$，使它等于设计角 β，可先用经纬仪按一般方法放出方向线 OB'。

（2）用测回法对 $\angle AOB'$ 做多测回观测（测回数由测设

精度或有关测量规范确定),取其平均值 β'。

(3) 计算观测的平均角值 β' 与设计角值 β 之差:$\Delta\beta = \beta' - \beta$。

(4) 设 OB' 的水平距离为 D,则需改正的垂距 ΔD(即 BB') 为

$$\Delta D = \frac{\Delta\beta}{\rho''} \times D \qquad (9\text{-}2)$$

式中,$\rho'' = 206265''$。

(5) 过 B' 点作 OB' 的垂线并截取 $B'B = \Delta D$(当 $\Delta\beta > 0$ 向内截,反之向外截),则 $\angle AOB$ 就是要放样的水平角 β。

三、已知高程的测设

在施工放样中,经常要把设计的室内地坪(± 0)高程及房屋其他各部位的设计高程(在工地上,常将高程称为"标高")在地面上标定出来,作为施工的依据。这项工作称为高程测设(或称标高放样)。

1. 一般方法

如图 9-5 所示,安置水准仪于已知水准点 R 与待测设点 A 之间,得后视读数 a,则视线高程 $H_{视} = H_R + a$;前视应读数 $b_{应} = H_{视} - H_{设}$($H_{设}$ 为待测设点的高程)。将水准尺贴靠在 A 点木桩一侧,水准仪照准 A 点处的水准尺,在 A 点木桩侧面上下移动标尺,直至水准仪在尺上截取的读数恰好等于 $b_{应}$ 时,紧靠尺底在木桩侧面画一横线,此横线即为设计高程位置,就是所要放样的 A 点。为求醒目,再在横线下用红油漆画符号"▼",若 A 点为室内地坪,则在横线上注明"± 0"。

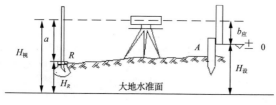

图 9-5 高程测设的一般方法

2. 高程上下传递法

若待测设点的设计高程与水准点的高程相差很大,如测设较深的基坑标高或测设高层建筑物的标高,只用标尺已无法放样。此时,可借助钢尺将地面水准点的高程传递到坑底或高楼上所设置的临时水准点上,然后再根据临时水准点测设其他各点的设计高程。

如图9-6(a)所示,欲将地面水准点 A 的高程传递到基坑临时水准点 B 上。在坑边上杆上悬挂经过检定的钢尺,零点在下端并挂 10kg 重锤,为减少摆动,重锤可放入盛有废机油或水的桶内,在地面上和坑内分别安置水准仪,瞄准水准尺和钢尺读数分别得到读数 a、b、c、d,则

$$H_B = H_A + a - (c - d) - b \tag{9-3}$$

H_B 求出后,即可以临时水准点 B 为后视点,测设坑底其他各待测设高程点的设计高程。

如图9-6(b)所示,是将地面水准点 A 的高程传递到高层建筑物上。其方法与上述相似,任一层上临时水准点 B_i 的高程为

$$H_{B_i} = H_A + a + (c_i - d) - b_i \tag{9-4}$$

H_{B_i} 求出后,即可以临时水准点 B_i 为后视点,测设第 i 层楼上其他各待测设高程点的设计高程。

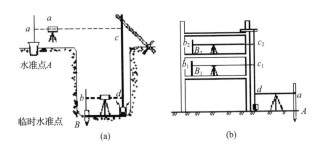

图 9-6　高程测设的传递方法

第三节 点的平面位置的放样

一、直角坐标法

当施工控制网为方格网或彼此垂直的主轴线时，采用此法较为方便。如图 9-7 所示，A、B、C、D 为方格网的四个控制点，P 为欲放样点。

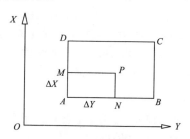

图 9-7 直角坐标法测设点的平面位置

直角坐标法放样的方法与步骤如下：

1. 计算放样参数

计算出 P 点相对于控制点 A 的纵、横坐标增量：

$$\Delta x_{AP} = AM = x_P - x_A \tag{9-5}$$

$$\Delta y_{AP} = AN = y_P - y_A \tag{9-6}$$

式中：x_A、y_A——分别为控制点 A 的纵、横坐标；

x_P、y_P——分别为放样点 P 的设计纵、横坐标。

2. 外业测设

（1）在 A 点架经纬仪，瞄准 B 点，在此方向上放样水平距离 $AN = \Delta y$ 得 N 点。

（2）在 N 点上架经纬仪，瞄准 B 点，仪器左转 $90°$ 确定方向，在此方向上丈量 $NP = \Delta x$，即得出 P 点。

3. 校核

沿 AD 方向先放样 Δx 得 M 点，在 M 点上架经纬仪，瞄准 A 点，再左转一直角放样 Δy，也可以得到 P 点位置。

需要注意的是,放样 $90°$ 角时,起始方向要尽量照准远距离的点,因为对于同样的对中和照准误差,照准远处点比照准近处点放样的点位精度高。

二、极坐标法

当施工控制网为导线时,常采用极坐标法进行放样。特别是当控制点与测站点距离较远时,用全站仪进行极坐标法放样非常方便。

1. 用经纬仪放样

如图 9-8 所示, A、B 为地面上已有的控制点,其坐标分别为 $A(x_A, y_A)$ 和 $B(x_B, y_B)$,P 为待放样点,其设计坐标为 $P(x_P, y_P)$。

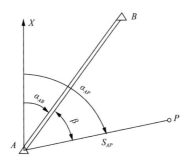

图 9-8 极坐标法测设点的平面位置

极坐标法放样的方法与步骤如下:

(1) 计算放样元素:先根据 A、B 和 P 点坐标,计算出 AB、AP 边的坐标方位角和 AP 的距离。

$$
\left.
\begin{aligned}
\alpha_{AB} &= \operatorname{arctg} \frac{\Delta y_{AB}}{\Delta x_{AB}} \\
\alpha_{AP} &= \operatorname{arctg} \frac{\Delta y_{AP}}{\Delta x_{AP}}
\end{aligned}
\right\}
\tag{9-7}
$$

$$
D_{AP} = \sqrt{\Delta x_{AP}^2 + \Delta y_{AP}^2}
\tag{9-8}
$$

再计算出 $\angle BAP$ 的水平角 β 为

$$
\beta = \alpha_{AP} - \alpha_{AB}
\tag{9-9}
$$

（2）外业测设：外业测设的主要步骤有：

1）安置经纬仪于 A 点上，对中、整平。

2）以 AB 为起始方向，顺时针转动望远镜，测设水平角 β，然后固定照准部。

3）在望远镜的视准轴方向上测设距离 D_{AP}，即得 P 点。

2. 用全站仪放样

用全站仪放样点位，其原理也是极坐标法。由于全站仪具有计算和存储数据的功能，所以放样非常方便、准确。如图 9-8 所示，其放样方法如下：

（1）输入已知点 A、B 和待放样点 P 的坐标（若存储文件中有这些点的数据也可直接调出），仪器自动计算出放样的参数（水平距离、起始方位角和放样方位角以及放样水平角）。

（2）安置全站仪于测站点 A 上，进入放样状态。按仪器要求输入测站点 A，确定。输入后视点 B，精确瞄准后视点 B，确定。这时仪器自动计算出 AB 方向（坐标方位角），并自动设置 AB 方向的水平盘读数为 AB 的坐标方位角。

（3）按要求输入方向点 P，仪器显示 P 点坐标，检查无误后，确定。这时，仪器自动计算出 AP 的方向（坐标方位角）和水平距离。水平转动望远镜，使仪器视准轴方向为 AP 方向。

（4）在望远镜视线的方向上立反射棱镜，显示屏显示的距离差是测量距离与放样距离的差值，即棱镜的位置与待放样点位的水平距离之差。若为正值，表示已超过放样标定位置，若为负值则相反。

（5）反射棱镜沿望远镜的视线方向移动，当距离差值读数为 0.000m 时，棱镜所在的点即为待放样点 P 的位置。

3. 自由设站法放样

若已知点与放样点不通视，可另外选择一测站点（该点也叫自由测站点）进行放样。只要所选的测站点既与放样点通视，也与至少三个已知点通视即可。

放样时，先根据三个已知点用后方交会法计算出测站的坐标，再利用极坐标法即可测设出所要求的放样点的位置。

三、角度交会法

欲测设的点位远离控制点,地形起伏较大,距离丈量困难且没有全站仪时,可采用经纬仪角度交会法来放样点位。如图9-9所示,A、B、C 为已知控制点,P 为需要测设的位置点。P 点的坐标由设计人员给出或从图上量得。

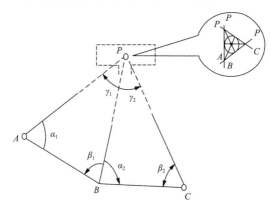

图 9-9　角度交会法测设点的平面位置

角度前方交会法放样的方法与步骤如下:

1. 计算放样参数

(1)用坐标反算法计算 AB、AP、BP、CP 和 CB 边的坐标方位角:α_{AB}、α_{AP}、β_{BP}、α_{CP} 和 α_{CB};

(2)根据各边的方位角计算 α_1、β_1 和 β_2 角值为

$$\alpha_1 = \alpha_{AB} - \alpha_{AP} \tag{9-10}$$

$$\beta_1 = \alpha_{BP} - \alpha_{BA} \tag{9-11}$$

$$\beta_2 = \alpha_{CP} - \alpha_{CB} \tag{9-12}$$

2. 外业测设

(1)分别在 A、B、C 三点上安置经纬仪,依次以 AB、BA、CB 为起始方向,分别放样水平角 α_1、β_1 和 β_2。

(2)通过交会概略定出 P 点位置,打一大木桩。

(3)在桩顶平面上精确放样。具体方法:由观测者指挥,在木桩上定出三条方向线即 AP、BP 和 CP。

（4）由于放样存在误差，形成了一个误差三角形（如图9-9所示）。当误差三角形内切圆的半径在允许误差范围内，取内切圆的圆心作为 P 点的位置。

需要注意的是，为了保证 P 点的测设精度，交会角一般不得小于 $30°$ 和大于 $150°$，最理想的交会角是 $70° \sim 110°$ 之间。

四、距离交会法

当施工场地平坦，易于量距，且测设点与控制点距离不长（小于一整尺长），常用距离交会法测设点位。如图9-10所示，A、B 为已知控制点，P 为要测设的点位。

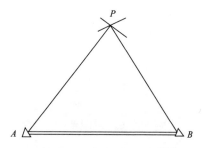

图9-10　距离交会法测设点的平面位置

距离交会法放样的方法与步骤如下：

1. 计算放样参数

根据 A、B 的坐标和 P 点坐标，用坐标反算方法计算出 D_{AP}、D_{BP}。

2. 外业测设

分别以控制点 A、B 为圆心，分别以距离 D_{AP} 和 D_{BP} 为半径在地面上画圆弧，两圆弧的交点，即为欲测设的 P 点的平面位置。

如果待测设点有两个以上，可根据各待测设点的坐标，反算各待测设点之间的水平距离。对已经放样出的各点，再实测出它们之间的距离，并与相应的反算距离比较进行校核。

第四节　坡度线的测设

在场地平整、管道敷设和道路整修等工程中,常需要将已知坡度测设到地面上,称为已知坡度的测设。坡度测设方法主要有水平视线法和倾斜视线法两种。

一、水平视线法

如图 9-11 所示,设 A、B 两点间的测设坡度为 i。水平视线法测设已知坡度的方法与步骤如下:

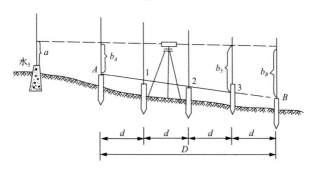

图 9-11　水平视线法测设坡度

(1) 按照 $H_设 = H_起 + id$,计算各桩点的设计高程。

第 1 点的设计高程为:$H_1 = H_A + i \times d$

第 2 点的设计高程为:$H_2 = H_1 + i \times d$

B 点的设计高程为:$H_B = H_n + i \times d$

或 $H_B = H_A + i \times D_{AB}$(此式可用于计算检核)

(2) 沿 AB 方向,按规定间距 d 标定出中间 $1,2,3,\cdots,n$ 各点。

(3) 安置水准仪于水准点 5 附近,读 A 点后视读数 a,并计算视线高程 H_i。

(4) 根据各桩的设计高程,计算各桩点上水准尺的应读前视数。

(5) 在各桩处立水准尺,上下移动水准尺,当水准仪对准应读前视数时,水准尺零端对应位置即为测设出的高程标志线。

二、倾斜视线法

倾斜视线法是根据视线与设计坡度相同时其竖直距离相等的原理,确定设计坡度线上各点高程位置的一种方法。当地面坡度较大,且设计坡度与地面自然坡度较一致时,适宜采用这种方法。

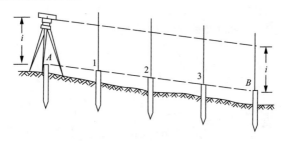

图 9-12　倾斜视线法测设坡度

如图 9-12 所示,倾斜视线法测设已知坡度的方法与步骤如下:

(1) 先用高程放样的方法,将坡度线两端点 A、B 的设计高程标志标定在地面木桩上。

(2) 将经纬仪安置在 A 点上,并量取仪器高 i。安置时,使一对脚螺旋位于 AB 方向上,另一个脚螺旋连线则大致与 AB 方向相垂直。

(3) 旋转 AB 方向上的一个脚螺旋,使视线在 B 尺上的读数为仪器高 i。此时,视线与设计坡度线平行。

(4) 指挥测设中间 1、2、3、…各桩的高程标志线。当中间各桩读数均为 i 时,各桩顶连线就是设计坡度线。

第十章

水利水电工程施工测量

第一节　土石坝开挖与填筑的施工放样

　　水利水电工程种类繁多,而服务于工程项目建设的测量工作大体包括以下内容:布设平面和高程基本控制网、确定工程主要轴线和控制细部放样的定线控制网、工程清基开挖的放样、工程细部放样等。

　　对于土石坝而言,其施工测量的主要内容包括:坝轴线的放样、坝身控制测量、清基开挖线的放样、坡脚线的放样、坝体边坡线的放样等。

一、坝轴线的放样

　　土石坝的坝轴线,一般由工程设计和有关人员根据坝址的地形、地质和建筑材料等具体条件,经多次方案比较而选定,并将坝轴线位置绘于先期测量的地形图上。如图 10-1 中的 M_1、M_2。

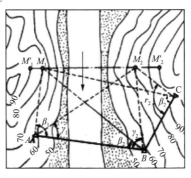

图 10-1　坝轴线放样示意图

为了在实地标定出坝轴线的位置,首先应从设计图上量取坝轴线两端点的平面直角坐标,再根据预先建立的施工控制网的邻近控制点的坐标计算放样数据(放样数据的计算需要根据采用的放样方法而定),最后按照适当的放样方法以确定坝轴线的两端点位置。工作中,除了放样出坝轴线端点位置外,还需放样出坝轴线中间一点。

坝轴线的两端点在现场标定后,应用永久性标志标明。为了防止施工时端点位置被破坏,常在坝轴线的延长线上设立埋石点(轴线控制桩),以便检查。如图 10-1 中的 M'_1、M'_2。

二、坝身控制测量

1. 平面控制测量

直线型坝的放样控制网通常采用矩形网或正方形方格网作为平面控制,网格的大小与坝体大小和地面情况有关。

(1)平行于坝轴线的控制线的测设:平行于坝轴线的控制线可布设在坝顶上下游、上下游坡面变化处、下游马道中线等地,也可按一定间隔布设(如 5m、10m、20m 等),以便控制坝体的填筑和进行收方。如图 10-2 所示,将经纬仪(或全站仪)分别安置在坝轴线的端点上,用测设 90°的方法各作一条垂直于坝轴线的横向基准线,分别从坝轴线的端点起,沿垂线向上、下游量取设计间距(如选取 10m 等距)以定出各点并进行编号,如上 10、上 20、……,下 10、下 20、……,两条垂

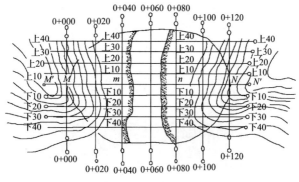

图 10-2　坝身控制线

线上编号相同的点的连线即为坝轴线平行线。在测设平行线的同时，还可根据大坝的设计情况测设坝顶肩线和变坡线，它们也是坝轴线平行线。

（2）垂直于坝轴线的控制线的测设：垂直于坝轴线的控制线的间距一般根据坝址地形条件而定，常按 $10\sim20\mathrm{m}$ 的间距设置里程。具体测设步骤和方法如下：

1）设置零号桩。零号桩一般为坝轴线上一端与坝顶设计高程相同的地面点，作为坝轴线里程桩的起点，其桩号为 $0+000$。设置时，在坝轴线上一端点安置经纬仪（或全站仪），照准另一端点作为定向，以保障测设的零号桩位于坝轴线上。利用水准仪采用高程放样方法，通过邻近已知水准点高程测设零号桩高程，要求零号桩高程等于坝顶设计高程，且零号桩位于经纬仪的指示方向。零号桩位置确定后，应打桩标定。如图 10-2 中的 M 点。

2）设置里程桩。以零号桩作为起点，一般在坝轴线上每隔一定距离（如 $20\mathrm{m}$、$30\mathrm{m}$ 等）设置里程桩，在坡度显著变化的地方可设置加桩。设置时，在零号桩安置经纬仪（或全站仪），照准坝轴线另一端点作为定向，直接沿定线方向丈量距离（或测量距离），顺序确定各里程桩的位置并标定。

3）测设垂直于坝轴线的控制线。测设时，将经纬仪（或全站仪）分别安置于各里程桩上，照准坝轴线一端点，转 $90°$ 即可定出若干条垂直于坝轴线的平行线。垂线测设后，应向上、下游延长至施工范围之外打桩编号，作为测量横断面和放样的依据，这些桩也称为横断面方向桩。如图 10-2 中的 $0+020$、$0+040$、…

2. 高程控制测量

土石坝的高程控制测量，包括若干永久性水准点组成基本网和临时作业水准点的测量工作。基本网常布设在施工范围之外，采用附合水准路线或闭合水准路线按三等或四等水准测量要求与国家水准点连测，如图 10-3 中 BM_1、BM_2、BM_3、…… 临时作业水准点是直接用于坝体的高程放样，布置在施工范围内不同高度的地方，并尽可能做到安置 $1\sim2$

次水准仪就能放样高程;临时水准点应根据施工进度及时设置,一般按照四等或五等水准测量要求附合到永久水准点上,并要根据永久水准点经常进行检测,如图 10-3 所示中 1、2、3、…

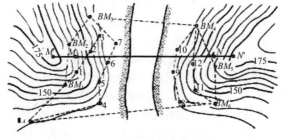

图 10-3　土石坝高程控制网

三、清基开挖线的放样

清基开挖线是指坝体与自然地面的交线,即自然地表面上的坝脚线。清基开挖线放样的工作内容包括:

(1)测量横断面图。测定坝轴线上各里程桩和加桩的高程,并沿坝轴线方向在各里程桩和加桩处测绘出地面实际横断面图。

(2)量取放样数据。将设计的大坝横断面图套绘到各里程桩和加桩的自然地面横断面图上,在确定坝体设计断面与地面上、下游的交点(即坝脚点)后,按图解法量取坝脚点至里程桩的距离,如图 10-4 所示。

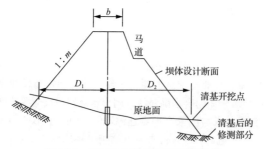

图 10-4　图解法求清基开挖线放样数据

（3）放样清基开挖线。在里程桩或加桩处安置经纬仪（或全站仪），照准坝轴线一个端点，照准部转动90°即定出横断面方向，沿横断面方向分别向上、下游测设一定距离并标出清基开挖点。各清基开挖点的连线，即为清基开挖线。

由于清基开挖有一定的深度和坡度，因此实际开挖线需根据地质情况从所定开挖线向外放宽一定距离，撒上白灰标明。

四、坡脚线的放样

坡脚线是指在基础清理完工后，建筑的坝体与地面的交线。放样坡脚线的目的是了解填筑土石或浇筑混凝土的边界位置。坡脚线的放样通常采用套绘断面法或平行线法。

1. 套绘断面法

套绘断面法的实施步骤为：

（1）恢复坝轴线上所有里程桩，测定各里程桩地面高程，并在原断面图上修测横断面图。

（2）将修测后的横断面图与大坝的设计断面图进行套绘，量取坡脚线上各点的轴距（里程桩至坡脚点的水平距离），如图10-5所示。

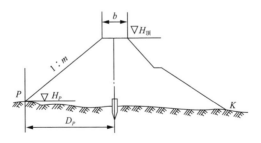

图 10-5 套绘断面法测定坡脚点

（3）在里程桩上安置经纬仪（或全站仪），以坝轴线端点为定向点，照准部转动90°后确定各横断面方向，沿横断面方向放样坡脚点轴距以初步确定各坡脚点位置。

（4）用水准测量测定坡脚点的高程，如图10-5所示，则坡脚点至里程桩的实地平距（轴距）与坡脚点高程间有下列关系：

$$D_P = \frac{b}{2} + (H_{顶} - H_P)m \qquad (10\text{-}1)$$

式中：D_P——坡脚点至里程桩的计算平距；

b——坝顶设计宽度；

$H_{顶}$——坝顶设计高程；

H_P——坡脚点的测量高程；

m——坝坡面设计坡度的分母。

一般要求坡脚点的实地平距与计算轴距相差不得大于 1/1000。当某坡脚点的实地平距与计算轴距相差过大时，需在横断面方向上适当修正该坡脚点位置，直至符合要求为止。

(5) 在各断面方向坡脚点确定后，用白灰线将各坡脚点连接起来，即为坝体的坡脚线。

2. 平行线法

平行线法是指由距离计算高程，然后在已经测设的坝轴线平行线上，用高程放样的方法来确定坡脚点。

如图 10-5 所示，设 P 为任一平行于坝轴线的直线与坝坡面的相交处，则 P 点的高程应为

$$H_P = H_{顶} - \frac{1}{m}\left(D_P - \frac{b}{2}\right) \qquad (10\text{-}2)$$

式中：H_P——某一条平行线与坝坡面相交处的高程；

D_P——某一条平行线与坝轴线间的距离；

$H_{顶}$、m、b 的符号意义同前。

在 H_P 计算出来后，用高程放样的方法沿平行线测设坡脚点。各坡脚点的连线即为坝体的坡脚线。

五、坝体边坡线的放样

坝体坡脚线确定后，即可在标定范围内填土（上料），填土要分层进行，每层厚约 0.5m，每填一层都要进行碾压，然后再及时确定上料边界。标定上料边界位置（设置上料桩）的工作称为边坡放样。上料桩的标定通常采用坡度尺法或

轴距杆法。

1. 坡度尺法

按坝面设计坡度 $1:m$ 特制一个大直角三角板,两直角边的长度分别为 1m、mm,在较长的直角边上安装一个水准管。

如图 10-6 所示,放样时,将小绳一头系于坡脚桩上,另一头系于横断面方向的竖杆上。将三角板斜边靠着绳子,当绳子拉到水准管气泡居中时,绳子的坡度即等于应放样的坡度。

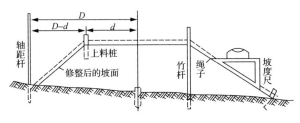

图 10-6 边坡放样示意图

2. 轴距杆法

根据土石坝的设计坡度,参照式(10-1)计算出不同层高坝坡面点的轴距 d,编制成表(一般,按高程每隔 1m 进行计算)。由于坝轴线里程桩在施工过程中会被掩埋,因此必须以填土范围之外坝轴线平行线为依据进行量距。

如图 10-6 所示,在某条坝轴线平行线上设置一排竹杆(称轴距杆),设平行线的轴距为 D,则上料桩(坡面点)离轴距杆的距离为 $(D-d)$,据此即可定出上料桩的位置。

实际工作中,应考虑夯实和修整的余地,因此实际填土应超出上料位置,超填厚度由设计人员提出。如图 10-6 中虚线所示。

六、土坝坡面修整

为了使坝坡与设计要求相符,土坝填筑到一定高度且压实后,需要对坝坡面进行修整。测设修坡的常用方法有水准仪法、经纬仪法。

1. 水准仪法

在坝坡面上按一定间距用木桩布设一些平行于坝轴线的坝面平行线,用水准仪测出木桩点的坡面高程。在量出木桩的轴距后,用式(10-2)计算木桩的设计高程。测量高程与设计高程的差值,即为坡面修整厚度。

2. 经纬仪法

首先,根据大坝坡面设计坡度计算出坡面的倾角,即

$$\alpha = \arctan \frac{1}{m} \qquad (10\text{-}3)$$

式中:α——大坝坡面倾角;

m——大坝坡面设计坡度分母。

其次,将经纬仪安置在坝顶边缘位置,量取仪器高 i,经纬仪望远镜视线下倾 α 角,固定望远镜,则视线方向与设计坡面平行。

然后,沿视线方向竖立标尺,读取中丝读数 v,则该立尺点的修坡厚度 Δd 为

$$\Delta d = i - v \qquad (10\text{-}4)$$

经验之谈

土 石 坝 放 样

★掌握土石坝施工测量坝轴线的放样、坝身控制测量、清基开挖线的放样、坡脚线的放样、坝体边坡线的放样等步骤及方法。

第二节 混凝土坝坝基开挖与混凝土浇筑的施工放样

一、混凝土坝体放样线的测设

混凝土坝由坝体、闸墩、闸门、廊道、电站厂房和船闸等多种构筑物组成,混凝土坝的施工较复杂,要求也较高。无

论施工程序,还是施工方法,都与土坝有所不同。混凝土坝的施工测量,是先布设施工控制网,测设坝轴线,根据坝轴线放样各坝段的分段线,然后由分段线标定每层每块的放样线,再由放样线确定立模线。

坝体浇筑前,要清除坝基表面的覆盖层,直至裸露出新鲜基岩。混凝土坝基础开挖线的放样精度要求较高,用图解法求放样数据,不能达到精度要求,必须以坝基开挖范围有关轮廓点的坐标和选择的定线网点,用角度交会法或用全站仪坐标法放样基础开挖线。

坝基开挖到设计高程后,要对新鲜基岩进行冲刷清理,才开始浇筑混凝土坝体。由于混凝土的物理和化学特性,以及施工程序和施工机械的性能,坝体必须分层浇筑,每一层又要分段分块(或称分跨分仓)进行浇筑,如图 10-7 所示。每块的 4 个角点都有施工坐标,连接这些角点的直线称为立模线。但是,为了安装模板的方便和浇筑混凝土前检查立模的正确性,通常不是直接放样立模线,而是放出与立模线平行且与立模线相距 0.5～1.0m 的放样线,作为立模的依据。

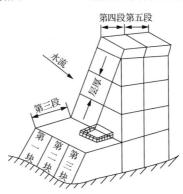

图 10-7　混凝土坝体分段分块

坝体放样线的测设,应根据坝型、施工区域地形及施工程序等,采用不同的方法。对于直线型水坝,用偏轴距法放样较为简便,拱坝则采用全站仪自由设站法、前方交会法或极坐标法较为有利。现将混凝土坝体放样线的测设方法介绍如下。

在上、下游围堰工程完成后,直线型坝底部分的放样线,一般采用偏轴距法测设。如图10-8所示,根据坝块放样线的坐标(大坝坐标系统下的坐标),在某一控制点上安置全站仪,选择另一控制点为后视点(测站点和后视点的坐标均为大坝坐标系统下的坐标),将仪器选择在"放样"功能上,并将欲放样的点坐标(这些点的坐标同是大坝坐标系统下的坐标)输入到仪器中,然后根据仪器所指方向立棱镜,当仪器上显示差值为零或某一允许的差值,则该点即为欲放样点的位置。

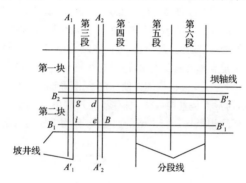

图10-8　方向线交会法测设放样线

围堰与坝轴线不平行即相交,只要根据分段分块图测设定向点,就可用方向线交会法迅速地标定放样线。现根据围堰与坝轴线的关系,分别说明设置定向点的方法。

1. 围堰与坝轴线平行

(1)根据坝体分段分块图,在上游或下游围堰的适当位置选择一点 D。由施工控制网点 A、B、C 来测定 D 点坐标,如图10-9所示。

(2)由坝轴线的坐标方位角及 DC 边的坐标方位角,求出两个边所夹的水平角 $\beta = \alpha_{DE} - \alpha_{DC}$。

(3)在 D 点安置经纬仪,后视 C 点,测设 β 角,在围堰上定出平行于坝轴线的 DE 线。

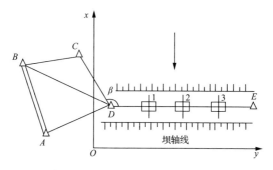

图 10-9　围堰与坝轴线平行时设置定向点

（4）根据 D 点与各定向点的坐标差，求得相邻定向点的间距，从 D 点起，沿 DE 直线进行概量，定出各定向点的概略位置，如图 10-9 中的 1、2、3 点，并在各点埋设顶部有一块 11cm×11cm 钢板的混凝土标石。

（5）用上述方法精确地在各块钢板上刻画出 DE 方向线，再沿 DE 方向，精密测量定向点的间距，即可定出各定向点的正确位置。定向点的间距是根据坝体分段及分块的长度与宽度确定的。

2. 围堰与坝轴线相交

如图 10-10 所示，围堰与坝轴线相交。设过围堰上 M 点

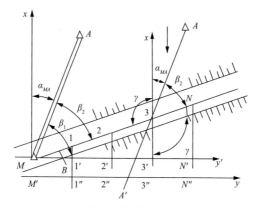

图 10-10　围堰与坝轴线相交时设置定向点

作一条与坝轴线平行的直线 MN'（实际在地面上并不标定此线），根据已知控制点 M、A 的大坝坐标系坐标反算出坐标方位角 α_{MA}，求出 β_1 角：

$$\beta_1 = 90° - \alpha_{MA} \qquad (10\text{-}5)$$

当观测 β_2 角后，故直线 MN 与直线 MN' 间的夹角为

$$\theta = \beta_1 - \beta_2 \qquad (10\text{-}6)$$

取 $M1'$、$M2'$、$M3'$、MN' 为任意整数，解算直角三角形，即可求出相应的直角三角形的斜边 $M1$、$M2$、$M3$、MN，即

$$M1 = \frac{M1'}{\cos\theta} \qquad (10\text{-}7)$$

然后，沿 MN 方向测量距离 $M1$、$M2$、$M3$、MN 并埋设标石，以确定 1、2、3、N 点。放样时，如果将经纬仪安置在定向点 1，照准端点 M 或 N，顺时针旋转照准部，使读数 $\gamma = 180°$ $- (\beta_2 + \alpha_{MA})$，即可标出垂直于坝轴线的方向线。

二、测设重力式拱坝放样线

现以图 10-11 为例，说明重力式拱坝测设放样线时，求放样点设计坐标的方法。

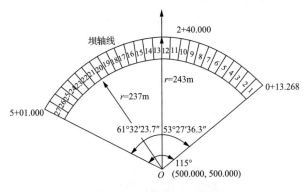

图 10-11 重力式拱坝平面图

图 10-11 为水利枢纽工程某拦河坝的平面图，该大坝系重力式空腹溢流坝，圆弧对应的夹角为 115°，坝轴线半径为

243m,坝顶弧长为 487.732m,里程桩号沿坝轴线计算。圆心 O 的施工坐标 $x = 500.000$m、$y = 500.000$m,以圆心 O 与 12~13坝段分段线的连线为 x 轴,其里程桩号为(2+40.00),该坝共分 27 段,施工时分段分块浇筑。

图 10-12 为大坝第 20 段第一块(上游面),高程为 170m 时的平面图。为了使放样线保持圆弧形状,放样点的间距以 4~5m 为宜。根据以上有关数据,可以计算放样点的设计坐标。现以放样点 1 为例,说明其计算过程与方法。

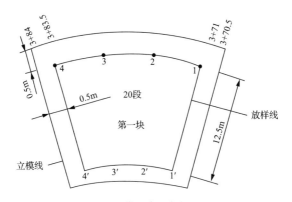

图 10-12　拱坝分段分块平面图

如图 10-13 所示,放样点 1 的里程桩号为(3+71),当高程为 170m 时,该点所在圆弧的半径 $r = 236.5$m。

根据放样点的桩号,可求出坝轴线上的弧长 L 和相应的圆心角:

$$L = 371 - 240 = 131 \text{(m)}$$

$$\alpha = \frac{180°}{\pi R}L = \frac{180°}{\pi \times 243} \times 131 = 30°53'16.2''$$

根据放样点的半径 R 和圆心角 α,求出放样点 1 对于圆心 O 点的坐标增量及 1 点的设计坐标(x_1, y_1),即

$$\Delta x = r\cos\alpha = 236.5\cos30°53'16.2'' = 202.958 \text{(m)}$$

$$\Delta y = -r\sin\alpha = -236.5\sin30°53'16.2'' = -121.409 \text{(m)}$$

$$x_1 = x_0 + \Delta x = 500.00 + 202.958 = 702.958 \text{(m)}$$

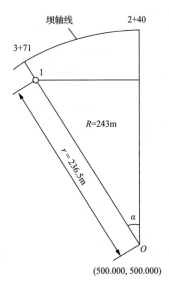

图 10-13　放样点的有关数据

$$y_1 = y_0 + \Delta y = 500.00 - 121.409 = 378.591 (\text{m})$$

三、高程放样

为了控制新浇混凝土坝块的高程,可先将高程引测到已浇坝块面上,从坝体分块图上,查取新浇坝块的设计高程,待立模后,再从坝块上设置的临时水准点,用水准仪在模板内侧每隔一定距离放出新浇坝块的高程。模板安装后,应该用放样点检查模板及预埋件安装的质量,符合规范要求时,才能浇筑混凝土。待混凝土凝固后,再进行上层模板的放样。

第三节　水闸的施工放样

水闸是由闸门、闸墩、闸底板、两边侧墙、闸室上游防冲板和下游溢流面等建筑物组成。如图 10-14 所示为三孔水闸平面布置示意图。水闸的施工放样,包括水闸轴线的测设、闸底板范围的确定、闸墩中线的测设以及下游溢流面的放样等。

一、水闸主要轴线的测设

水闸主要轴线的测设,就是在施工现场标定水闸轴线端点的位置。首先,从水闸设计图上量出轴线端点的坐标,根据所采用的放样方法、轴线端点的坐标及邻近测图控制点的坐标计算所需放样数据,计算时要注意进行坐标系的换算。然后将仪器安置在测图控制点上进行放样。先放样出相互垂直的两条主轴线,两条主轴线确定后,还应在其交点安置仪器检测两线的垂直度,若误差超限,应以闸室为基准,重新测设一条与其垂直的直线作为纵向主轴线。主轴线测定后,应向两端延长至施工范围外,并埋设标志以示方向。

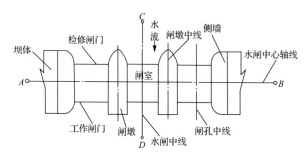

图 10-14 水闸平面示意图

二、闸底板的放样

闸底板的放样目前大多采用比较简单的全站仪测距法。如图 10-15 所示,在主轴线的交点 O 安置全站仪,根据闸底板设计尺寸,在轴线 CD 上分别向上、下游各测设底板长度的一半,得 G、H 两点。在 G、H 点分别安置仪器,以轴线 CD 定向,测设与 CD 轴线相垂直的两条方向线,两方向线分别与边墩中线交与 E、F、P、Q 点,这 4 个点即为闸底板的 4 个角点。

闸底板平面位置的放样也可根据实际情况,采用前方交会法、极坐标法等其他方法进行测设。

闸底板的高程放样可根据底板的设计高用水准测量的方法放样,也可在放样平面位置时用全站仪三角高程测量

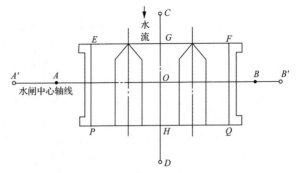

图 10-15　水闸放样的主要点线

的方法放样。

三、闸墩的放样

闸墩的放样，是先放出闸墩中线，再以中线为依据放样闸墩的轮廓线。

放样前，由水闸的基础平面图计算有关的放样数据。放样时，以水闸主要轴线 AB 和 MN 为依据，在现场定出闸孔中线、闸墩中线、闸墩基础开挖线以及闸底板的边线等。待水闸基础打好混凝土垫层后，在垫层上再精确地放出主要轴线和闸墩中线等。根据闸墩中线放出闸墩平面位置的轮廓线。

闸墩平面位置的轮廓线分为直线和曲线。直线部分可根据平面图上设计的有关尺寸，用直角坐标法放样。闸墩上游一般设计成椭圆曲线，如图 10-16 所示。放样前，应按设计的椭圆方程式，计算曲线上相隔一定距离点的坐标，由各点坐标可求出椭圆的对称中心点 P 至各点的放样数据 β_2 和 L_2。

根据已标定的水闸轴线 AB、闸墩中线 MN 定出两轴线的交点 T，沿闸墩中线测设距离定出 P 点。在 P 点安置经纬仪，以 PM 方向为后视，用极坐标法放样 1、2、3 点等。由于 PM 两侧曲线是对称的，左侧的曲线点 $1'、2'、3'$ 点等，也按上述方法放出。施工人员根据测设的曲线放样线立模。闸墩椭圆部分的模板若为预制块并进行预安装，只要放出曲线上

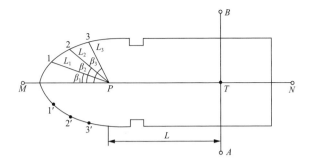

图 10-16　用极坐标法放样闸墩曲线部分

几个点,即可满足立模的要求。

闸墩各部位的高程,根据施工场地布设的临时水准点,
按高程放样方法在模板内侧标出高程点。随着墩体的增高,
有些部位的高程不能用水准测量法放样,这时可用钢卷尺从
已浇筑的混凝土高程点上直接丈量放出设计高程。

四、下游溢流面的放样

闸室下游的溢流面通常设计成抛物线,目的是为了减小
水流通过闸室的能量,以降低水流对闸室的冲击力,如
图 10-17 所示。

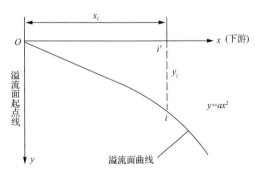

图 10-17　溢流面局部坐标系

放样步骤如下:

(1)以闸室下游水平方向为 x 轴,闸室底板下游高程为

溢流面的起点 O（变坡点）为原点，通过原点的铅垂方向为 y 轴建立坐标系。

（2）由于溢流面的纵剖面是抛物线，所以溢流面上各点的设计高程是不同的。根据设计的抛物线方程式和放样点至溢流面起点的水平距离计算剖面上相应点的高程。即

$$H_i = H_0 - y_i \qquad (10\text{-}8)$$

其中，

$$y_i = ax_i^2 \qquad (10\text{-}9)$$

式中：H_i——i 点的设计高程；

$\qquad H_0$——下游溢流面的起始高程，由设计部门给定；

$\qquad y_i$——与坐标原点 O 相距水平距离为 x_i 的 y 值，图中可见，y 值即为高差；

$\qquad a$——系数，一般取 0.006。

（3）在闸室下游两侧设置垂直的样板架，根据选定的水平距离，在两侧样板架上作垂线。再用水准仪按放样已知高程点的方法，在各垂线上标出相应点的位置。

（4）将各高程标志点连接起来，即为设计的抛物面与样板架的交线，该交线就是抛物线。

五、安装测量

1. 安装测量的基本工作

在水电工程中，水闸、大坝、发电站厂房等主要水工建筑物的土建施工时，有些预埋金属构件要进行安装测量。当土建施工结束后，还要进行闸门、钢管、水轮发电机组的安装测量。为使各种结构物的安装测量顺利进行，保证测量的精度，应做好下列基本工作：布置安装轴线与高程基点，进行安装点的测设和铅垂投点工作等。

金属结构与机电设备安装的精度一般较高，需建立独立的控制网。由于金属构件与土建工程有一定的关系，因此所建立的安装测量控制网应与土建施工测量控制网保持一定的联系，其轴线和高程基点一经确定，在整个施工过程中，不宜变动。安装测量的精度要求较高。如水轮发电机座环上

水平面的水平度,即相对高差的中误差为±(0.3～0.5)mm,所以应采用特制的仪器和严密的方法,才能满足高精度安装测量的要求。安装测量是在场地狭窄、几个工种交叉作业、精度要求高、测量工作难度较大的情况下进行的。安装测量的精度多数是相对于某轴线或某点高度的,它时常高于绝对精度。现将安装测量的基本工作介绍如下:

(1)安装轴线及安装点的测设:安装轴线应利用该部位土建施工时的轴线。若原有土建施工轴线遭到破坏,则应由邻近的等级或加密的控制点重新测设。安装轴线的测设方法有单三角形法、三点前方交会法和三边测距交会法等。

在安装过程中,如原固定安装轴线点全部被破坏,应以安装好的构件轮廓线为准,恢复安装轴线。但是,恢复的安装轴线必须进行多方校核,以获得与已安装构件的最佳吻合。

由安装轴线点测设安装点时,一般用 J₂ 级经纬仪测设方向线。为了保证方向线的精度,应采用正倒镜分中法。照准时,应选择后视距离大于前视距离,并用细铅笔尖或垂球线作为照准目标。

由安装轴线点用钢卷尺测设安装点的距离时,应用检验过的钢尺,加入倾斜、尺长、温度、拉力及悬链改正等。测设的相对误差为 1/10000。

(2)安装高程测量:安装的工程部位应以土建施工时邻近布设的水准点作为安装高程控制点。若需重新布设安装高程控制点,则其施测精度应不低于四等水准。

每一安装工程部位,至少应设置两个安装高程控制点。各点间的高差可根据该部位高程安装的精度要求,分别选用二、三等水准测量法测定。如水轮发电机有关测点应采用 S₁ 级水准仪及钢瓦水准尺测定,其他安装测量采用 S₃ 级水准仪及红黑面水准尺观测,即可满足精度要求。高程测定后,应在点位上刻记标志或用红油漆画一符号。

(3)铅垂投点:在垂直构件安装中,同一铅垂线上安装点的纵、横向偏差值,因不同的工程项目和构件而定。如人字闸门底、顶枢同轴性的纵、横向中误差为±1mm。水轮发电机各种预埋管道的纵、横向中误差则为±11mm。

铅垂投点的方法有重锤投点法、经纬仪投点法、天顶仪投点法与激光仪投点法等。

2. 闸门的安装测量

对于不同类型的闸门,其安装测量的内容和方法略有差异,但一般都是以建筑物的轴线为依据进行的。其主要工作如下:

(1) 量定底枢中心点。为确保中心点与一期混凝土的相对关系,可根据底枢中心点设计坐标用土建时的施工控制点进行初步放样,并检查两点连线是否与中心线垂直平分,若不满足,则根据实际情况进行调整。

(2) 顶枢中心点的投影。该项工作可采用经纬仪交会投影或精密投点仪进行。在采用经纬仪交会投影时,应根据现场情况设计合适的交会角。投影结束后,可采用吊锤球的方法进行检查。

(3) 高程放样。高程放样主要应保证两个蘑菇头的相对高差,但绝对高程只需与一期混凝土保持一致。为此,在安装过程中,两个蘑菇头的高程放样必须用同一基准点。

下面,针对不同类型的闸门,介绍其安装测量工作。

(1) 平面闸门的安装测量:主要包括底槛、门枕、门楣以及门轨的安装和验收测量等工作。门轨(主、侧、反轨等)安装的相对精度要求较高,应在一期混凝土浇筑后,采用二期混凝土固结埋件。闸门放样工作是在闸室内进行,放样时以闸孔中线为基准,因此应恢复或引入闸孔中线,并将闸孔中线标志于闸底板上。

平面闸门埋件测点的测量中误差,底槛、主、侧、反轨等,纵向测量中误差不大于±2mm;门楣测量纵向中误差为±1mm,竖向中误差为±2mm。

具体放样和安装测量工作如下:

1) 底槛和门枕的放样。底槛是拦泥沙的设施,其中线与门槽中线平行。从设计图上可找出两者的关系,或者与坝轴线的关系,根据闸孔中线与坝轴线的交点,在底槛中线附近用经纬仪作一条靠近底槛中线的平行线,在平行线上每隔1m投放一点于混凝土面上,注明距底槛中线的距离,以便安装。

门枕中线与门槽中线相垂直。放样时,先定出闸孔中线与门槽中线的交点,再定出门枕中心。然后将门枕中线投测到门槽上、下游混凝土墙上,以便安装。

2)门轨控制点的放样。平面闸门的门槽高达几米,有时甚至几十米,要求闸门启闭时能沿门轨垂直升降,运行自如。因此门轨面的平整度和钢轨接头处应保证足够的精度。为了保证安装要求,在安装前,应做好安装门轨的局部控制测量,然后进行门轨安装测量,其工作程序和方法如下:

底槛、门枕二期混凝土浇完后,根据闸孔中线与坝轴线交点,恢复门槽中线,求出闸孔中线与门槽中线的交点 A,然后,按照设计要求,用直角坐标法放样各局部控制点,如图 10-18 中的 $1,2,3,\cdots,14$ 点,并精确标志其点位。各局部控制点要尽量准确对称,允许误差为 1mm,但不可小于设计数值。

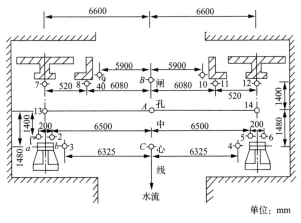

图 10-18　平面闸门局部控制点

3) 门轨安装测量。门轨包括主、侧、反轨,它们是用槽钢焊接成的,每节槽钢长度为 2～3m。安装后,要求轨面平整竖直。如图 10-18 所示,安装时,将经纬仪安置在 C 点,照准地面上控制点 1 或 2,根据控制点 1 至门轨面 a 及 b 的距离,用钢直尺量取距离,指导安装。门轨安装 1～2 节后,因仰角增大,经纬仪观测困难。再往上安装时,可改用吊垂球的方法,使垂球对准底部控制点 1 进行初步安装。再用 24 号钢丝吊 5～11kg 重锤,将钢丝悬挂于坝顶的角铁支架上以校正门轨。每节门轨面用两根垂线校正,即在门轨的正、侧面各吊一根垂线,待垂球线稳定后,依据下部安装好的轨面作为起始点,量取门轨至垂线的距离,加上已安装门轨的误差,求出垂线至门轨的应有距离,以指导安装。

如图 10-19 所示,门轨面至控制点 1 的设计距离为 40mm,下部已安装门轨面 a 至控制点 1 的距离为 40.2mm,所以不符值为 ＋0.2mm,量得门轨面 a 至垂线的距离为 43.7mm,故垂线至控制点 1 的水平距离为 43.7mm －

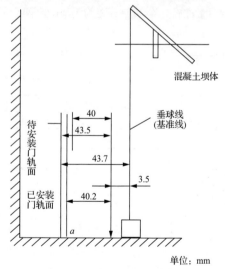

单位:mm

图 10-19 门轨安装图

40.2mm＝3.5mm，待安装门轨面至垂线的距离应为43.5mm。然后根据改正的数值，用钢直尺丈量每节门轨的距离。门轨净宽应大于设计数值。当校正后，可将门轨电焊固定。检查验收后，再浇筑二期混凝土。

（2）弧形闸门的安装测量：弧形闸门是由门体、门铰、门楣、底槛及左右侧轨组成，其相互关系如图 10-20 所示。弧形闸门的安装测量，先进行控制点的埋设和测设控制线，再进行各部分的安装测量。

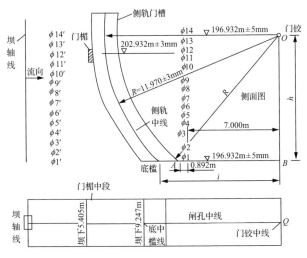

图 10-20　弧形闸门平面与侧面图

弧形闸门由于结构复杂，安装测量必须满足较高的精度要求。弧形闸门埋件测点的安装测量精度要求见表 10-1。

现将弧形闸门安装测量的主要工作介绍如下：

1）准备工作：闸底板浇好后，要及时将闸孔中线与坝轴线的交点在预埋的钢板上精确标出、作为放样闸室内其他辅助线的依据。

当混凝土坝体浇筑到门铰高程时，根据门铰的设计位置，在模板上设置一块带钢筋的铁板，用于精确标定门铰位置。另外在门槽附近应设置临时水准点，作为高程放样的依据。

表 10-1　　　　**弧形闸门门埋件测点安装测量精度**

埋件测点名称	测量中误差或相对中误差/mm			备注
	纵向	横向	竖向	
底槛（侧止水座板及侧轮导板）		±2		竖向测量中误差指与底槛面的相对高差
门楣		±1	±2	
铰座钢梁中心		±1	±1	
铰座基础螺旋中心	±1	±1	±1	

2）门楣底槛和门铰中线的放样：根据图上的设计距离，从坝轴线与闸孔中线的交点起，分别放出门楣、底槛和门铰中线。其中门铰中线先用经纬仪投测在闸孔两侧预埋的铁板上，即先在铁板上画一短垂线，再用水准仪观测悬挂的钢卷尺，在短垂线上标定门铰中心的高程位置。

3）侧轨中线的放样：弧形闸门的左右侧轨，不仅是闸门启闭时的运行轨道，而且是主要的止水部位，因此在安装测量中具有重要意义。下面介绍侧轨中线的放样步骤和工作方法：

首先，在闸室地平面上，采用设置门铰中线的方法，先确定一条基准线和一条辅助线，然后用经纬仪将它们投测在闸孔两侧的混凝土墙上，用细线标出。基准线至门铰中线的距离最好为整数，在图 10-20 中，该数值为 7m。采用水准仪观测悬挂钢卷尺的方法，在基准线和辅助线上每隔 0.5m 或 1m 测定一些高程点。

其次，计算侧轨中线上每一个高程点至门铰中线的水平距离，并换算侧轨中线至基准线的水平距离。由图 10-20 可见，在直角三角形 ABO 中，门铰中线至侧轨中线起点（底槛）的水平距离为

$$AB = \sqrt{R^2 - h^2} \tag{10-10}$$

用图 10-20 中已知数据进行计算，有

$$AB = \sqrt{11.970^2 - (205.932 - 196.932)^2} = 7.892(\text{m})$$

最后,放样侧轨中线。设基准线至门铰中线的距离为7m,从基准线上 1 点向左丈量 0.892m 即得底槛位置。因此,当测设侧轨中线上其他点时,均应将算得的距离减去基准线至门铰中线的距离,然后,用钢尺从基准线丈量一段距离,即得侧轨上放样点,连接侧轨中线方向上的放样点,即为侧轨中线。为方便放样,可将侧轨中线上放样点至门铰中线距离、侧轨中线至基准线的水平距离事前编算成表,供放样时查用。表 10-2 为用已知数编算的放样表。

表 10-2　　　　弧形闸门侧轨中线放样数据

门铰中线上高程点/m　水平距离/m	196.932	198.000	199.000	200.000	…	205.932	备注
侧轨中线至门铰线/m	7.892	8.965	9.758	11.397	…	11.970	
侧轨中线至基准线/m	0.892	1.965	2.758	3.97	…	4.970	

按照上述方法,可求出侧轨中线上各设计点至辅助线及门铰中线的有关水平距离。放样时,可用辅助线至侧轨中线的水平距离,校核侧轨中线,以提高放样精度。

(3) 人字形闸门的安装测量:船闸的人字形闸门由上游导墙、进水段、桥墩段、上闸首、闸室、下闸首、泄水段和下游导墙等部分组成,如图 10-21 所示。

闸门是上、下闸首的主要构件,也是船闸的关键部位。人字形闸门由埋件部分、门体部分和传动部分组成。如我国的葛洲坝水利枢纽的 2 号船闸,全长约 900m,宽度百余米。安装人字形闸门,每扇门高度为 34m,宽度为 19.7m,厚度为 2.7m,重量达 600 余 t。按照现行行业标准《水利水电工程施工测量规范》(SL 52—2015)规定,相对安装轴线而言,人字门的安装测点中误差为平面:±2mm～±3mm,高程:±1mm～±3mm。由以上规定可见,为了保证人字形闸门的安装精度,必须认真地进行精密测量。现将底顶枢中心点的定位及高程测量介绍如下。

1）两底枢中心点的定位：底枢中心点就是人字形闸门旋转时的底部中心。两底枢中心点位置正确与否，将直接影响门体的安装质量。底枢中心点定位，可根据施工场地和仪器设备而定，一般采用精密经纬仪投影，配合钢卷尺进行测设，具体操作方法如下：

第一步，按照设计坐标，将两底枢中心点投测到闸首一期混凝土平面上，得到初测点，要求直线 a_1b_1 应与船闸中心线垂直平分。

第二步，用检验过的钢卷尺丈量 a_1、b_1 点间的距离，进行各项改正后得距离 $d_测$。

第三步，根据 $d_测$ 与 $d_设$ 计算 Δd：$\Delta d = d_测 - d_设$。

第四步，按 a_1b_1 方向，在 a_1、b_1 点上各量 $\Delta d/2$，改正后得 a、b 两点；同上法，标定 c、d 两点，如图 10-21 所示。

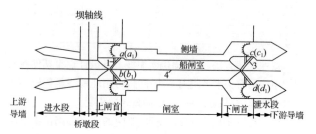

图 10-21　人字形闸门平面图

1—控杆；2—启闭机；3—人字形门；4—船闸中心线

第五步，丈量 a、b 间的距离 3～4 测回，计算其中误差，若等于或小于允许误差，a、b 两点为设计底枢点。否则应反复测设并校正其位置，直至符合精度规定。

2）两顶枢中心点的投测：顶枢中心点是人字形闸门旋转时顶部中心。底枢与顶枢应位于同一铅垂线上，但是顶枢中心点是悬空的，因此定位时难度较大，这影响人字形闸门安装测量精度的核心问题。为了满足顶枢同轴性的设计要求，可采用天顶投影仪，也可用经纬仪按下述方法投测。

第一步，准备工作。两底枢中心点测设后，应根据其中心位置安装底枢蘑菇头,并对中心点的距离进行最后检查,投测顶枢中心时应以底枢蘑菇头的中心为准。为了标志顶枢中心点投影位置,必须先架设非常牢固的投影板,同时应按规定检核投影用的经纬仪、画线用的直尺,另外还应准备大头针、投影纸、黄油和磨尖的硬铅笔等物品。

第二步,测站点的选择。为了得到较好的投测效果,选定测站点时,首先应满足经纬仪能直接照准底枢的要求,这样的点位,一般选在坝顶上,其次投测时的交会角以 60°为宜。

第三步,投测标定点位。正式投测前,可根据混凝土坝体的分缝线和闸室侧墙,标出顶枢中心的概略位置。正式投测时,先在投影用的钢板上涂一层薄薄的黄油,将投影纸糊在钢板上,严格安置经纬仪,正倒镜分别照准底枢中心点,将方向投测在投影纸上,每一测站均按两测回投测,取两测回正倒镜均值的平均位置。由于仪器误差、标点误差和自然界的影响,3 条平均方向线可能不交于一点,出现示误三角形,其内切圆心即为所求之顶枢点。同上法,可得 4 个顶枢中心点,如图 10-21 中 a_1、b_1、c_1、d_1 点。顶枢点不能长期保留在钢板上,应在顶枢附近的坝面上选择 3 个测站点,此 3 点与顶枢点连线的夹角为 60°,然后建造 3 个高度约 1m 的混凝土观测墩。将经纬仪分别安置在观测墩上,照准顶枢点,在对面侧墙上用正倒镜分中法投点。安装人字形闸门时,可在 3 个观测墩上安置经纬仪,恢复顶枢位置,指导安装方位。

第四步,检查底顶枢同轴性。在底枢中心位置上安放一木凳,凳上放一个盛有机油的小桶,将直径为 0.3mm 的钢丝从顶枢中心垂下来,钢丝下端吊 2.5～3.0kg 的垂球,浸入油桶内,待其稳定后,用经纬仪在互成 90° 的两个方向上设站,先照准油桶近处的钢丝,再向下投测,将顶枢中心投测于蘑菇头上,然后丈量两投影点间的距离,并计算顶枢投影点相对于底枢中心点的偏离值,以及底顶枢纵、横向测量中误差。

第五步,高程测量。人字形闸门各部位间相对高差的精度要求很高,而绝对高程只需与土建部分保持同精度。一般四等水准点或经过检查的工程水准点,即可作为底枢高程的控制点。在安装过程中,为了保证各部位间的高差精度,只能使用同一个高程基点。

门体全部组装后,需从水准基点连测出顶部高程,设为 $H_测$,如果门体的设计高程为 $H_设$,则高程误差为

$$\Delta h = H_测 - H_设 \qquad (10\text{-}11)$$

高程误差 Δh 的大小,除与底顶枢选用的高程基点精度有关外,还与门体焊接的次数、焊接的工艺有关。

第四节　隧洞开挖与混凝土衬砌的施工放样

一、隧洞施工测量基本知识

在水利工程建设中,为了施工导流、引水发电或修渠灌溉,常常要修建隧洞。本节主要介绍中小型隧洞施工测量的基本方法。

隧洞施工测量与隧洞的结构形式、施工方法有着密切的联系。一般情况下,隧洞多由两端相向开挖,有时为了增加工作面,还要在隧洞中心线上增开竖井,或在适当的地方向中心线开挖平洞或斜洞,如图 10-22 所示。这就需要严格控制开挖方向和高程,保证隧洞的正确贯通。所以,隧洞施工测量的任务就是:标定隧洞中心线,定出掘进中线的方向和坡度,保证按设计要求贯通,同时还要控制掘进的断面形状,使其符合设计尺寸。故其测量工作一般包括:洞外定线测量、洞内定线测量、隧洞高程测量和断面放样等。

保证隧洞的正确贯通,就是要保证隧洞贯通时在纵向、横向及竖向几方面的误差(称为贯通误差)在允许范围以内。如图 10-23 所示,相向开挖的隧洞中线如不能理想地衔接,其长度沿中线方向伸长或缩短,即产生纵向贯通误差 Δt,其允许值一般为 ±20cm;中线在水平面上互相错开,即产生横向贯通误差 $\Delta \mu$,其允许值一般在 ±10cm,但对于中小型工程的

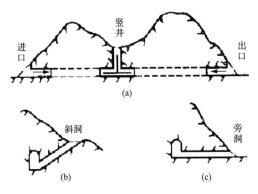

(a)

(b)   (c)

图 10-22　竖井、斜洞及旁洞示意图

泄洪隧洞和不加衬砌的隧洞可适当放宽(如±30cm);中线在竖直面内互相错开,即产生竖向贯通误差 Δh,也称高程贯通误差,其允许值一般为±5cm。隧洞的纵向贯通误差主要涉及中线的长度,对于直线隧洞影响不大,有时将其误差限制在隧洞长度的 1/2000 以内,而竖向误差和横向误差一般应符合上述要求。

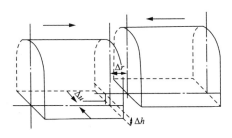

图 10-23　隧道开挖贯通误差

二、洞外控制测量

进行地面控制测量的目的,是为了确定隧洞洞口位置,并为确定中线掘进方向和高程放样提供依据。洞外控制测量的作用,是在隧洞各开挖口之间建立精密的控制网,以便根据它进行隧道的洞内控制测量或中线测量。洞外控制测量,包括平面控制和高程控制。

1. 平面控制

隧洞平面控制网可以采用三角锁或导线的形式,由于水利工程中的隧洞一般位于山岭地区,故过去多采用三角锁的形式。当具有电磁波测距仪时,也可采用电磁波测距导线作为平面控制。随着 GPS 定位技术的应用和推广,用 GPS 进行地面平面控制已在生产实践中发挥了巨大的作用。同时,如果有测图控制网(点)能满足施工要求,应尽量加以检核使用。

(1) 三角测量:三角测量的方向控制较导线法的高,如果仅从横向贯通精度的观点考虑,则是理想的隧道平面控制方法。

三角锁一般布置一条高精度的基线作为起始边,并在三角锁另一端增设一条基线,以资检核;其余仅只有测角工作,按正弦定理推算边长,经过平差计算可求得三角点和隧道轴线上控制点的坐标,然后以控制点为依据,确定进洞方向。

布设三角锁时应考虑将隧洞中线上的主要中线点包括在三角锁区内,尽可能在各洞口附近布置三角点,以便施工放样,并力求将洞口、转折点等选为三角点,以便减小计算工作量,提高放样精度。三角锁的等级随隧洞长度、形式、贯通精度要求而异,对于长度在 1km 以内,横向贯通误差允许值为 ±10cm~±30cm 的隧洞,布设三角网的精度应满足下列要求:

1) 基线丈量的相对误差为 1/20000;

2) 三角网最弱边的相对误差为 1/10000;

3) 三角形角度闭合差为 30″;

4) 角度观测时,用 DJ_2 经纬仪测一测回,DJ_6 经纬仪测两测回。

(2) 导线测量:导线测量比较灵活、方便,对地形的适应性比较大。目前在光电测距仪、全站仪已经普及和其精度不断提高的情况下,有条件的单位,导线法应当是隧道洞外控制形式的首选方案。

导线测量应组成多边形闭合环。它可以是独立闭合导线,也可以与国家三角点相连。导线水平角的观测,应以总测回数的奇数测回和偶数测回分别观测导线前进方向的左角和右角,以检查测角错误;将它们换算为左角或右角后再取平均值,可以提高测角精度。为了增加检核条件和提高测角精度评定的可行性,导线环的个数不宜太少,最少不应少于 4 个;每个环的边数不宜太多,一般以 6 条边左右为宜。

在进行导线边长丈量时,应尽量接近于测距仪、全站仪的最佳测程,且边长不应短于 300m;导线尽量以直伸形式布设,减少转折角的个数,以减弱边长误差和测角误差对隧洞横向贯通误差的影响。

导线的测角中误差 m_β 按式(10-12)计算,并应满足测量设计的精度要求:

$$m_\beta = \pm \sqrt{\frac{\left[f_\beta / n \right]^2}{N}} \qquad (10\text{-}12)$$

式中:f_β——导线环的角度闭合差,s;

$\qquad n$——一个导线环内角的个数;

$\qquad N$——导线环的个数。

导线环(网)的平差计算,一般采用条件平差或间接平差。边与角按下列公式定权:

$$P_\beta = 1 \qquad (10\text{-}13)$$

$$P_D = \frac{m_\beta^2}{m_D^2} \qquad (10\text{-}14)$$

式中:m_β——导线测角中误差,按式(10-12)计算,并宜用统计值;

$\qquad m_D$——导线边长中误差,宜用统计值。

采用导线作为平面控制时,其距离丈量相对误差不得大于 1/5000。角度用 DJ_2 经纬仪测一测回或 DJ_6 经纬仪测两测回,角度闭合差不应超过 $\pm 24'' \sqrt{n}$(n 为角的个数)。导线的相对闭合差不应大于 1/5000。

(3)GPS 测量:隧道施工控制网也可利用 GPS 相对定位技术,采用静态或快速静态测量方式进行测量。由于定位时仅需要在开挖洞口附近测定几个控制点，工作量少，平面精度高，而且可以全天候观测，目前已得到广泛应用。

隧道 GPS 定位网的布网设计应满足下列要求：

1）定位网由隧道各开挖口的控制点点群组成，每个开挖口至少应布测 4 个控制点。整个控制网应由一个或若干个独立观测环组成，每个独立观测环的边数最多不超过 12 个，应尽可能减少。

2）网的边长最长不宜超过 30km，最短不宜短于 300m。

3）每个控制点应有三个或三个以上的边与其连接，极个别的点允许由两个边连接。

4）GPS 定位点之间一般不要求通视，但布设洞口控制点时，考虑到要用常规测量方法检测、加密或恢复的需要，应当通视。

5）点位空中视野开阔，保证至少能接收到 4 颗以上卫星信号。

6）测站附近不应有对电磁波有强烈吸收和反射影响的金属和其他物体。

2. 高程控制

为了保证隧洞在竖直面内正确贯通，要将高程从洞口及竖井传递到隧洞中去，以控制开挖坡度和高程，因此必须在地面上沿隧洞路线布设水准网。按照设计精度施测两相向开挖洞口附近水准点之间的高差，以便将整个隧洞的统一高程系统引入洞内，保证按规定精度在高程方面正确贯通，并使隧洞工程在高程方面按要求的精度正确修建。一般用三等、四等水准测量施测，可以达到高程贯通误差允许为±50mm 的要求。

当山势陡峻采用水准测量困难时，也可采用光电测距仪、全站仪三角高程的方法测定各洞口高程。建立水准网时，基本水准点应布设在开挖爆破区域以外地基比较稳固的地方。作业水准点可布置在洞口与竖井附近，每一洞口要埋设两个以上的水准点，使安置一次水准仪即可测出精确高差为宜。水准测量的精度一般参照表 10-3 即可。

表 10-3　　　　　　　等级水准测量规定

测量部位	测量等级	每公里高差中数偶然中误差/mm	两洞口间水准线路长度/km	水准仪等级	水准尺类型
洞外	二	≤1.0	>36	S_{05}、S_1	线条式钢瓦水准尺
	三	≤3.0	13～36	S_1	线条式钢瓦水准尺
				S_3	区格式水准尺
	四	≤5.0	5～13	S_3	区格式水准尺
洞内	二	≤1.0	>32	S_1	线条式钢瓦水准尺
	三	≤3.0	11～32	S_3	区格式水准尺
	四	≤5.0	5～11	S_3	区格式水准尺

三、隧洞洞口位置与中线掘进方向的确定

在地面上确定洞口位置及中线掘进方向的测量工作称为洞外定线测量，它是在控制测量的基础上，根据控制点与图上设计的隧洞中线转折点、进出口等的坐标，计算出隧洞中线的放样数据，在实地将洞口位置和中线方向标定出来，这种方法称为解析法定线测量。另外，当隧洞很短，没有布设控制网时，则在实地直接选定洞口位置，并标定中线掘进方向，这种方法称直接定线测量。

1. 直接定线测量

如图 10-24 所示，A、C、D、B 作为在 A、B 之间修建隧洞测定时所定中线上的直线转点。由于定测精度较低，在施工之前要进行复测，其方法为：以 A、B 作为隧道方向控制点，将经纬仪安置在 C' 上，后视 A 点，正倒镜分中定出 D' 点；再置镜 D' 点，正倒镜分中定出 B' 点。若 B' 与 B 不重合，可量出 $B'B$ 的距离，则

$$D'D = \frac{AD'}{AB'}B'B \qquad (10\text{-}15)$$

自 D' 点沿垂直于线路中线方向量出 $D'D$ 定出 D 点，同法也可定出 C 点。然后再将经纬仪分别安在 C、D 点上复核，证明该两点位于直线 AB 的连线上时，即可将它们固定

下来，作为中线进洞的方向。

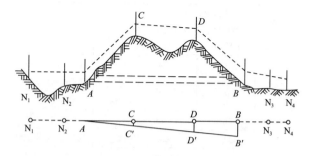

图 10-24　简易直线隧洞定线测量

对于较短的隧洞，可在现场直接选定洞口位置，然后用经纬仪按正倒镜确定直线的方法标定隧洞中心线掘进方向，并求出隧洞的长度。如图 10-24 所示，A、B 两点为现场选定的洞口位置，且两点互不通视，欲标定隧洞中心线，首先应在 AB 的连线上初选一点 C'，将经纬仪安置在 C' 点上，瞄准 A 点，倒转望远镜，在 AC' 的延长线上定出 D' 点，为了提高定线精度可用盘左、盘右观测取平均，作为 D' 点的位置；然后搬仪器至 D' 点，同法在洞口写出 B' 点。通常 B' 与 B 不相附合，此时量取 $B'B$ 的距离，并用视距法测得 AD' 和 $D'B'$ 的水平长度，求出 D' 点的改正距离 $D'D$，即

$$D'D = \frac{AD'}{AB'}B'B \tag{10-16}$$

在地面上从 D' 点沿垂直于 AB 方向量取距离 $D'D$ 得到 D 点，再将仪器安置 D 点，依上述方法再次定线，由 B 点标定至 A 洞口，如此重复定线，直至 C、D 位于 AB 直线上为止。最后在 AB 的延长线上各埋设两个方向桩 N_1、N_2 和 N_3、N_4，以指示开挖方向。

隧洞长度可直接用钢尺在实地量得，或用视距求得。

对于较短的曲线隧洞，若地形条件适宜，则可根据设计的曲线元素，按曲线放样的方法将隧洞中线上各点依一定距离（如 10m）在地面上标定出来，然后再精确地测量各点间的

距离和角度,作为洞内标定中线的依据。

2. 解析法定线测量

(1)洞口位置的标定:在实地布设的三角网,若洞口点不能选作为三角点时,则应将图上设计的洞口位置在实地标定出来。如图 10-25 所示,ABC 为隧洞中线,A、C 为洞口位置,B 为转折点,其中洞口 A 正好位于三角点上,而洞口 C 不在三角点上。这时,可根据 5、6、7 三个控制点用角度交会法将 C 点在实地测设出来。为此,需依各控制点的已知坐标和 C 点的设计坐标计算出有关边的坐标方位角 α,即

$$\alpha_{5c} = \arctan \frac{y_c - y_5}{x_c - x_5} \qquad (10\text{-}17)$$

$$\alpha_{6c} = \arctan \frac{y_c - y_6}{x_c - x_6} \qquad (10\text{-}18)$$

$$\alpha_{7c} = \arctan \frac{y_c - y_7}{x_c - x_7} \qquad (10\text{-}19)$$

式中:x、y——对应点的坐标。

而对应的交会角 β 为

$$\beta_1 = \alpha_{5c} - \alpha_{56} \qquad (10\text{-}20)$$

$$\beta_2 = \alpha_{6c} - \alpha_{67} \qquad (10\text{-}21)$$

$$\beta_3 = \alpha_{7c} - \alpha_{75} \qquad (10\text{-}22)$$

式中:α_{56}、α_{67}、α_{75}——分别为对应边的坐标方位角。

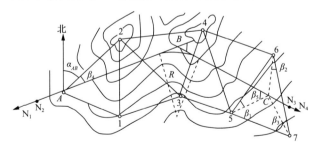

图 10-25　隧道三角网布设图

放样时,在 5、6、7 点同时安置经纬仪,分别测设交会角

β_1、β_2、β_3、并用盘左、盘右测设取其平均位置,得到三条方向线,若 3 个方向相交所形成的误差三角形在允许范围以内,则取其内切圆圆心为洞口 C 的位置。

(2) 开挖方向的标定:如图 10-25 所示,为了在地面上标出隧洞开挖方向 AB 和 CB,同样是根据各点的坐标先算出方位角,然后算出定向角 β_4、β_5。

测设时,在 A、C 点安置经纬仪,分别测设定向角 β_4、β_5,并以盘左、盘右测设取其平均位置,即得到开挖方向 AB 和 CB,然后将它标定到地面上。

如图 10-26 所示,A 是洞口点、1、2、3、4 为标定在地面上的掘进方向桩,再在垂直的方向上埋设 5、6、7、8 桩,用以检查或恢复洞口点的位置。掘进方向桩要用混凝土桩或石桩,埋设在施工过程中不受损坏、点位不致移动的地方,同时量出洞口点 A 至 2、3、6、7 等桩的距离。有了方向桩和距离数据,在施工过程中可随时检查或恢复洞口点的位置。

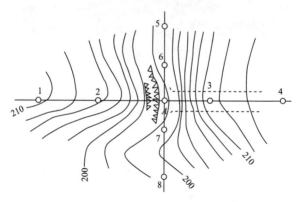

图 10-26 隧洞口及掘进方向标定

(3) 隧洞长度:根据洞口点和路线转折点的坐标可求得隧洞的长度。如果是直线隧洞,其进出口分别为 A、B,则隧洞长 $D_{AB} = \dfrac{y_B - y_A}{\sin\alpha_{AB}} = \dfrac{x_B - x_A}{\cos\alpha_{AB}}$。如果是曲线隧洞,在转折处设有圆曲线,先分别求出 D_{AB} 和 D_{BC},再根据曲线要素计算的

方法算出切线长 T 和曲线长 L,最后求得曲线隧洞长度 $D = D_{AB} + D_{BC} - 2T + L$。

四、隧洞内施工测量

1. 隧洞中线及坡度的测设

在隧洞口削坡完成后,就要在削坡面上给出隧洞中心线,以指示掘进方向。如图 10-27(a)所示,安置仪器在洞口点 A,瞄准掘进方向桩 1、2,倒转望远镜即为隧洞中线方向,一般用盘左、盘右取平均的方法,在洞口削坡面上给出隧洞开挖方向。

随着隧洞的掘进,需要继续把中心线向前延伸,应每隔一定距离(如 20m),在隧洞底部设置中心桩。施工中为了便于目测掘进方向,在设置底部中心桩的同时,做三个间隔为 1.5m 左右的吊桩,用以悬挂垂球,如图 10-27(b)所示。

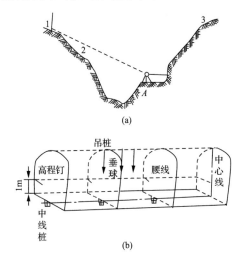

(a)

(b)

图 10-27　隧道中线及腰线示意图

中心桩一般用 10cm×10cm 长 30cm 的木桩或直径为 2cm 长约 20cm 的钢筋头,周围用混凝土浇灌于隧洞底部,桩顶应低于洞底面 10cm,上加护盖,四周挖排水小沟,防止积水。吊桩通常采用锥头木桩,用风钻在洞顶钻洞,将锥头木桩打入洞内,用小钉标志中心线位置,悬挂垂球。

在隧洞掘进中,为了保证隧洞的开挖符合设计的高程和坡度,还应由洞口水准点向洞内引测高程,在洞内每隔 20～30m 设一临时水准点,200m 左右设一固定水准点,可以在浇灌水泥中线桩时,埋设钢筋兼作固定水准点,采用四等水准测量的方法往返观测,求得点的高程。为了控制开挖高程和坡度,先要根据洞口的设计高程、隧洞的设计坡度和洞内各点的掘进距离,算出各处洞底的设计高程,然后依洞内水准点进行高程放样。放样时,常先在洞壁或撑木上每隔一定距离(5～10m),测设比洞底设计高程高出 1m 的一些点,连接这些高程点,即指示洞底,从而可方便隧洞的断面放样,指导隧洞顶部和底部按设计纵坡开挖。

2. 折线与曲线段中线的测设

如图 10-28 所示,对于不设曲线的折线隧洞在掘进至转折点 J 时,可在该点上安置经纬仪,瞄准 D,右转角度 360°－α,定出继续掘进的方向。由于开挖前不便在前进方向上标志掘进方向,这时可在掘进的相反方向(180°－α)上,作出方向标志,如 1、2 点,用 1、2、J 三点指导开挖。

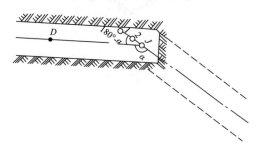

图 10-28　隧洞折线段测设示意图

对于需要设置圆曲线的较短隧洞,可采用偏角法测设曲线隧洞的中线。如图 10-29(a)所示,Z、Y 分别为圆曲线的起点和终点,J 为转折点,L 为曲线全长,将其分为几等分,则每段长 $S = \dfrac{L}{n}$,曲线半径 R 由设计中规定,转折角 I 可由洞外

定线时实测得知,则每段曲线长所对的圆心角 $\varphi = \dfrac{I}{n}$,偏角

为 $\varphi/2 = \dfrac{I}{2n}$,对应的弦长 $d = 2R\sin\dfrac{I}{2n}$。

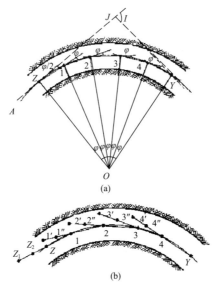

图 10-29　隧洞曲线测设示意图

　　测设时,当隧洞沿直线部分掘进至曲线的起点 Z,并略过 Z 点后,根据直线段的长度和中线方向,准确标出 Z 点。然后将经纬仪安置在 Z 点,$0°00'00''$ 后视 A,拨角 $180° + \dfrac{\varphi}{2}$,即得 Z-1 弦线方向,在待开挖面上标出开挖方向,并倒转望远镜在顶板上标出 Z_1、Z_2 点,如图 10-29(b)所示。以后则根据 Z_1、Z_2、Z 三点的连线方向指导隧洞的掘进。当其掘进到略大于弦长 d 后,再安置经纬仪于 Z 点,按上述方法定 Z-1 方向,并用盘右位置再放样一次,取两次放样的中间位置作为 Z-1 的方向,沿该方向用钢尺自 Z 点丈量弦长 d,即得曲线上的点 1。点 1 标定后,再安置经纬仪于点 1,后视 Z 点,拨转角 $180° + \varphi$,即得 1-2 方向(拨转角 $180° + \varphi/2$ 得点 1 的切

线方向,再拨转 $\varphi/2$ 才得弦线 1-2 方向),按上述方法掘进,沿视线方向量弦长 d,得曲线上的点 2。用同样的方法定出 3,4,…直至曲线终点 Y。

3. 洞内导线测量

对于较长的隧洞,为了减少测设洞内中线的误差累积,应布设洞内导线来控制开挖方向。

洞内导线点的设置以洞外控制点为起点和起始方向,每隔 50～100m 选一中线桩作为导线点,如图 10-30 所示。对于曲线隧洞,曲线段的导线边长将受到限制,此时应尽量用能通视的远点为导线点,以增大边长,应将曲线的起点、终点包括在导线点内。为了避免施工干扰,保证点位的稳定,一般用混凝土包裹钢筋,以钢筋顶所刻十字线的交点代表点位,埋设在隧洞底部,且低于底面约 10cm 的地方,其上设置活动盖板加以保护,如图 10-31 所示。

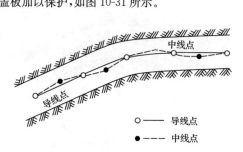

图 10-30　导线点布置图

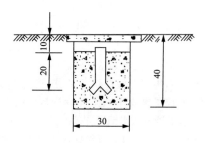

图 10-31　点位标志断面图

洞内导线是随着隧洞的掘进逐步向前延伸的支导线。为了保证测量成果的正确性,必须由两组分别进行观测和计算,以资检核。测量时,导线边长用钢尺往返丈量,其相对误差不得大于 1/5000,角度如用 DJ₆ 型光学经纬仪观测,不得少于 2 个测回。对于直线隧洞,其横向贯通误差主要由测角误差引起,应注意尽可能减小仪器对中误差和目标偏心误差的影响,提高测角的精度。对于曲线隧洞,测角误差与距离丈量误差均对横向贯通误差产生影响,故还需注意提高量距的精度。内业计算时,为了计算方便,常以隧洞中线作为隧洞施工坐标系的统一坐标轴。根据观测成果计算出导线点的坐标,由于定线和测量误差的累积影响,其与设计坐标不相一致,此时则应按其坐标差来改正点位,使导线点严格位于隧洞中线上。

由于洞内导线点的测设是随隧洞向前掘进逐步进行的,中间要相隔一段时间,在测定新点时,必须对已设置的导线点进行检测,直线隧洞测角精度要求较严,可只进行各转角的检核,若检核后的结果表明各点无明显位移,可将各次观测值取平均作为最终成果;若有变动,则应根据最后检测的成果进行新点的计算和放样。

4. 隧洞开挖断面的放样

隧洞断面放样的任务是:开挖时在待开挖的工作面上标定出断面范围,以便布置炮眼,进行爆破;开挖后进行断面检查,以便修正,使其轮廓符合设计尺寸;当需要衬砌浇筑混凝土时,还要进行立模位置的放样。

断面的放样工作随断面的形式不同而异。通常采用的断面形式有圆形、拱形和马蹄形等。如图 10-32 所示为一圆拱直墙式的隧洞断面,其放样工作包括侧墙和拱顶两部分,从断面设计中可以得知断面宽度 S、拱高 h_0、拱弧半径 R 和起拱线的高度 L 等数据。

放样时,首先定中垂线和放出侧墙线。其方法是:将经纬仪安置在洞内中线桩上,后视另一中线桩,倒转望远镜,即可在待开挖的工作面上标出中垂线 AB,由此向两边量取

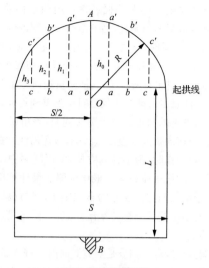

图 10-32　断面放样

$S/2$，即得到侧墙线。然后根据洞内水准点和拱弧圆心的高程，将圆心 O 测设在中垂线上，则拱形部分可根据拱弧圆心和半径用几何作图方法在工作面上画出来，也可根据计算或图解数据放出圆周上的 a'，b'，c'，…若放样精度要求较高时可采用计算的方法，其中放样数据 oa，ob，…（起拱线上各点与 o 的距离），根据断面宽度和放样点的密度决定，通常 a，b，c，…取相等的距离（如 1m）；由起拱线向上量取高度 h_i，即得拱顶 a'，b'，c'，…，h_i 可按下式计算：

$$h_1 = aa' = \sqrt{R^2 - oa^2} - (R - h_0)$$

$$h_2 = bb' = \sqrt{R^2 - ob^2} - (R - h_0) \qquad (10\text{-}23)$$

$$h_1 = cc' = \sqrt{R^2 - oc^2} - (R - h_0)$$

这样，根据这些数据即可进行拱形部分的开挖放样和断面检查，也可在隧洞衬砌时依此进行板模的放样。

放样数据还可用计算机辅助作图的方法求出，会取得事半功倍的效果。

对于圆形断面其放样方法与上述方法类似,即先放出断面的中垂线和圆心,再以圆心和设计半径画圆,测设出圆形断面。

在隧道施工中,为使开挖断面能较好的符合设计断面,在每次掘进前,应在开挖断面上,根据中线和轨顶高程,标出设计断面尺寸线。

分部开挖的隧道在拱部和马口开挖后,全断面开挖的隧道在开挖成形后,应采用断面自动测绘仪或断面支距法测绘断面,检查断面是否符合要求;并用来确定超挖和欠挖工程数量。测量时按中线和外拱顶高程,从上至下每隔 0.5m(拱部和曲墙)和 1m(直墙)向左右量测支距。

仰拱断面测量,应由设计拱顶高程线每隔 0.5m(自中线向左右)向下量出开挖深度。

5. 结构物的衬砌施工放样

在施工放样之前,应对洞内的中线点和高程点加密。中线点加密的间隔视施工需要而定,一般为 5~10m 一点。加密中线点可以线路定测的精度测定。加密中线点的高程,均以五等水准精度测定。

在衬砌之前,还应进行衬砌放样,包括立拱架测量、边墙及避车洞和仰拱的衬砌放样、洞门砌筑施工放样等一系列的测量工作。

五、洞内高程测量

1. 竖井传递高程

为了使洞内有高程起算数据,需要将地面的高程传递到洞内。传递的方法,根据隧道施工布置的不同采用不同的方式,包括:经由横洞传递高程、通过斜井传递高程、通过竖井传递高程。

通过洞口或横洞传递高程时,可由洞口外已知高程点,用水准测量的方法进行引测。当地上与地下用斜井联系时,按照斜井的坡度和长度的大小,可采用水准测量或三角高程测量的方法传递高程。这里主要讨论通过竖井传递高程。

在传递高程之前,必须对地面上起始水准点的高程进行检核。

（1）水准测量方法：在传递高程时，应该在竖井内悬挂长钢尺或钢丝（用钢丝时井上需有比长器）与水准仪配合进行测量，如图 10-33 所示。

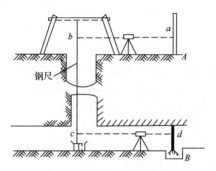

图 10-33　竖井传递高程

首先将经检定的长钢尺悬挂在竖井内，钢尺零端朝下，下端挂重锤，并置于油桶里，使之稳定。在井上、井下各安置一台水准仪，精平后同时读取钢尺上读数 b、c，然后再分别读取井上、井下水准尺读数 a、d，测量时用温度计量井上和井下的温度。由此，可由近井水准点 A 的高程求取井下水准点 B 的高程 H_B：

$$H_B = H_A + a - (b - c + \Sigma \Delta l) - d \qquad (10\text{-}24)$$

其中，

$$\Sigma \Delta l = \Delta l_d + \Delta l_t + \Delta l_p + \Delta l_c \qquad (10\text{-}25)$$

式中：Δl_d——尺长改正数，$\Delta l_d = \dfrac{\Delta l}{L_0}(b-c)$。这里，$\Delta l$ 为钢尺一整尺的尺长改正数，L_0 为钢尺的名义长度；

Δl_t——温度改正数，$\Delta l_t = 1.25 \times 10^{-5}(b-c)(t - t_0)$。这里，$t$、$t_0$ 分别为钢尺使用、检定时的温度；

Δl_p ——拉力改正数，$\Delta l_p = \dfrac{L_0(P-P_0)}{EF}$。这里，$P$、

P_0 分别为钢尺使用、检定时的拉力，E 为钢尺的弹性系数[取$(2 \times 10^6 \, \text{kg})/\text{cm}^2$]，$F$ 为钢尺的横断面积；

Δl_c ——重力改正数，$\Delta l_c = \dfrac{\gamma}{E}(b-c)\left(L_0 - \dfrac{b-c}{2}\right)$。

这里，γ 为钢的单位体积重量(取 $7.8\text{g}/\text{cm}^3$)。

注意:如果悬挂的是钢丝,则$(b-c)$值应在地面上设置的比长器上求取。同时,地下洞内一般宜埋设 2～3 个水准点,并应埋在便于保存、不受干扰的位置;地面上应通过 2～3 个水准点将高程传递到地下洞内,传递时应用不同仪器高求得地下洞内同一水准点高程互差不超过 5mm。

(2) 光电测距仪与水准仪联合测量法:当竖井较深(如超过 50m 时)或其他原因不便悬挂钢尺(或钢丝),可用专用光电测距仪代替钢尺的办法将地面高程传递到井下洞内。

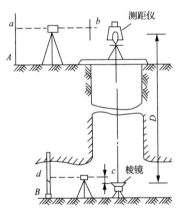

图 10-34　测距仪与水准仪联合竖向传递高程

如图 10-34 所示,在地上井架内架中心上安置精密光电测距仪,装配一专用托架,使仪器照准头直接瞄准井底的棱镜,测出井深 D,然后在井上、井下使用同一台水准仪,分别

测定井上水准点 A 与测距仪照准头中心的高差$(a-b)$，井下水准点 B 与棱镜面中心的高差$(c-d)$。由此，可得到井下水准点 B 的高程 H_B 为

$$H_B = H_A + a - b - D + c - d \qquad (10\text{-}26)$$

式中：H_A——地面井上水准点已知高程；

   a、b——井上水准仪瞄准水准尺上的读数；

   c、d——井下水准仪瞄准水准尺上的读数；

   D——井深（由光电测距仪直接测得）。

  注意：水准仪读取 b、c 读数时，由于 b、c 值很小，也可用钢卷尺竖立代替水准尺。本法也可以用激光干涉仪（采用衍射光栅测量）来确定地上至地下垂距 D。这些都可以作为高精度传递高程的有效手段。

  2. 洞内水准测量

  洞内水准测量应以通过水平坑道、斜井或竖井传递到地下洞内水准点作为起算依据，然后随隧道向前延伸，测定布设在隧道内的各水准点高程，作为隧道施工放样的依据，并保证隧道在竖向准确贯通。

  洞内水准测量的等级和使用仪器主要根据两开挖洞口间洞外水准路线长度确定，详见表 10-4 有关规定。

表 10-4　　　　　　　　　　**洞内高程测量规范**

测量等级	两洞口间水准线路长度/km	水准仪类型	水准尺类型	说明
二	>32	S0.5、S1	线条式钢瓦水准尺	按精密二等水准测量要求
三	11～32	S1	区格式木质水准尺	按三等水准测量要求
四	5～11	S3	区格式木质水准尺	按四等水准测量要求

  洞内水准测量的特点和要求：

  (1) 洞内水准路线与导线线路相同，在隧道贯通前，其水准路线均为支水准路线，因而需往返或多次观测进行检核。

  (2) 在隧道施工过程中，地下支水准路线随开挖面的进展向前延伸，一般先测定精度较低的临时水准点（可设在施

工导线上），然后每隔 200～500m 测定精度较高的永久水准点。

（3）地下水准点可利用地下导线点位，也可以埋设在隧道边墙、顶板或底板上，点位应稳固、便于保存。为了施工方便，应在导坑内拱部边墙至少每隔 100m 埋设一个临时水准点。

洞内水准的观测与注意事项：

（1）洞内水准测量的作业方法与地面水准测量相同。由于洞内通视条件差，视距不宜大于 50m，并用目估法保持前、后视距相等；水准仪可安置在三脚架上或安置在悬臂的支架上，水准尺可直接立在洞内底板水准点（导线点）上，有时也可用倒尺法顶立在洞顶水准点标志上，如图 10-35 所示。

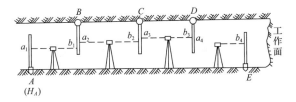

图 10-35　洞内水准测量

此时，每一测站高差计算仍为 $h=a-b$。但对于倒尺法，其读数应作为负值计算，如图 10-35 中各测站高差分别为

$$h_{AB} = a_1 - (-b_1)$$
$$h_{BC} = (-a_2) - (-b_2)$$
$$h_{CD} = (-a_3) - (-b_3)$$　　　　（10-27）
$$h_{DE} = (-a_4) - b_4$$

则

$$h_{AE} = h_{AB} + h_{BC} + h_{CD} + h_{DE}$$　　　　（10-28）

（2）在开挖工作面向前推进的过程中，对布设的支水准路线，要进行往返观测，其往返测不符值应在限差以内，取平均值作为最后成果，用于推算洞内各水准点高程。

（3）为检查地下水准点的稳定性，还应定期根据地面近井水准点进行重复水准测量，将所得高差成果进行分析比较。若水准标志无变动，则取所有高差平均值作为高差成果；若发现水准标志变动，则应取最后一次的测量成果。

（4）当隧道贯通后，应根据相向洞内布设的支水准路线，测定贯通面处高程（竖向）贯通误差，并将两支水准路线联成附合于两洞口水准点的附合水准路线。要求对隧道未衬砌地段的高程进行调整。高程调整后，所有开挖、衬砌工程均应以调整后高程指导施工。

经验之谈

隧洞开挖与混凝土衬砌的施工放样要点

★掌握隧洞施工测量的洞外控制测量方法、隧洞洞口位置与中线掘进方向的确定步骤；

★掌握隧洞内施工测量及洞内高程测量因隧洞环境的特殊性所采取的特别方法、测量设备安置要求以及注意事项。

参 考 文 献

[1] 邹葆华,栾容. 水利水电工程制图[M]. 北京:中国水利水电出版社,2007.

[2] 王侬,过静珺. 现代普通测量学[M]. 北京:清华大学出版社,2001.

[3] 杨俊,赵西安. 土木工程测量[M]. 北京:科学出版社,2003.

[4] 蓝善勇,王万喜,鲁有柱. 工程测量[M]. 北京:中国水利水电出版社,2009.

[5] 王金岭. 土木工程测量[M]. 武汉:武汉大学出版社,2008.

[6] 张慕良,叶泽荣. 水利工程测量(第三版)[M]. 北京:中国水利水电出版社,1994.

[7] 李青岳,陈永奇. 工程测量学(修订版)[M]. 北京:测绘出版社,1995.

[8] 徐绍铨,等. GPS测量原理及应用[M]. 武汉:武汉测绘科技大学出版社,1998.

[9] 王家贵,等. 测绘学基础[M]. 北京:清华大学出版社,2000.

[10] 郝延锦. 建筑工程测量[M]. 北京:科学出版社,2001.

[11] 章书寿,陈福山. 测量学教程(第二版)[M]. 北京:测绘出版社,1997.

[12] 靳祥升. 测量学[M]. 郑州:黄河水利出版社,2002.

[13] 牛志宏,徐启杨,蓝善勇. 水利工程测量[M]. 北京:中国水利水电出版社,2005.

[14] 袁锐文. 测量员[M]. 北京:中国电力出版社,2011.

[15] 合肥工业大学,等. 测量学[M]. 北京:中国建筑工业出版社,1995.

内容提要

本书是《水利水电工程施工实用手册》丛书之《工程识图与施工测量》分册,以国家现行建设工程标准、规范、规程为依据,结合编者多年工程实践经验编纂而成。全书共 10 章,内容包括:水利水电工程识图、水利水电工程测量概论、水准测量、角度测量、距离测量、GNSS 全球卫星定位系统简介、直线定向、大比例尺地形图的应用、施工测量的基本知识、水利水电工程施工测量。

本书适合水利水电施工一线工程技术人员、操作人员使用。可作为水利水电施工测量人员的培训教材,亦可作为大专院校相关专业师生的参考资料。

《水利水电工程施工实用手册》